THE PERILS OF PERCEPTION
认 知 差

Bobby Duffy

Why We're Wrong
About Nearly Everything

[英]鲍比·达菲 著　巴库斯 译

民主与建设出版社
·北京·

送给布丽姬特和玛莎,
我知道在她们身上的花费将远远超过45.8万英镑。

平装版序言

《认知差》首次出版已经过去一年了,遗憾的是我们对于几乎所有事情的看法仍然是错误的。益普索在 2018 年年底发布了一项新的全球研究,它涵盖了 37 个国家(一些新发现被纳入了这个更新版本),发现我们仍然存在大量的错误认知。例如,所有国家的公众平均猜测移民占人口的 28%,而实际数字为 12%,还不到猜测值的一半。我们所认为的失业率远高于实际水平:人们的平均猜测是 34% 的适龄工作人口处于失业和找工作状态,而这一数字实际上只有 7%。人们猜测年轻人平均每月做爱 20 次,而实际情况是 5 次!

除了证实我们错得有多离谱之外,这本书首次出版后,我的这项调查和其他新研究为我们对集体错觉的理解增加了三个重要的新观点。

首先,益普索的研究填补了我们在衡量错误认知方面的一个重要空白。我的图书读者见面会中最常被提及的一条评论是:诚然这个世界往往比我们想象的更好,但气候变化及其对世界的影响又怎么说?人们意识到了气候正在发生多大的变化吗?现在我们可以用一个坚定的否定句来回答这个问题。可怕的是,有记录以来最热的 17 年出现在过去的 18 年里,但世界各地的平均猜测是"只有"9 年在其中。我们是很担心,但还不够担心,"反抗灭绝"（Extinction Rebellion）运动这样的直接行动就是对这种回避态度的激进反应。

其次，我们更深入地理解了不同群体是如何看待同样的现实的。最引人注目的是，不同的美国人对枪支致死人数的看法完全相反，这取决于他们是共和党人还是民主党人。大约80%的民主党人正确地认为，在美国，枪支造成的死亡人数比刀具或其他暴力造成的死亡人数要多——但在强势的共和党人中，只有27%的人持同样的观点。现实是同样的现实，但根据你现有的政治观点，你看到的却是完全不同的情况。英国在脱欧问题上也出现了类似的模式。三分之二的脱欧支持者仍然相信英国每周向欧盟支付3.5亿英镑这一不可信的说法，相比之下只有五分之一的留欧支持者相信这一说法。

这就引出了我们对英国脱欧的最后一个新认识：英国脱欧提供了一个精彩（也很可怕）的现场实验，它证明了我们的错误认知有多么顽固。我们在2016年5月公投前询问了人们是否相信每周3.5亿英镑的数字，然后在2018年底又问了一次。尽管关于英国脱欧的新闻报道和讨论似乎没完没了，但同样比例（大约四成）的人相信这一说法。在欧盟移民问题上也是如此：与2016年一样，我们仍然可能高估了欧盟移民的数量。我们对一些核心问题的实际理解毫无进展，这对我来说证实了两件事：情感和身份在我们如何看待这些关键现实方面是多么重要，以及政治和媒体讨论的特点和质量对我们的影响是多么微乎其微。

人类的错觉系统

错误认知的稳定性指向了本书的一个关键结论：我们的错觉有多种驱动因素，既基于"我们的思维方式"（我们的许多偏见和错误的心理捷径），也基于媒体、社交媒体和政客告诉我们的那些东西。

列出并归类导致我们错觉的这些不同的驱动因素时，我们会产生一种印象，即它们的影响相互独立，各自发挥作用。这在现实中是不成立的。实际上，它们之间有无数的互动和反馈循环，共同创造了一个错觉系统。

"我们如何思考"的影响在心理学实验中经常被单独检验。这是有道理的，因为这些实验是为了验证有关偏见成因的具体假设而严格建立的。这样的实验对于我们理解对错误思维和行为的不同解释的重要性至关重要——但这些实验也鼓励我们把偏见和启发式看作相互独立的现象，即便事实并非如此。当学术研究的成果引起大众的注意时，它们通常是孤立地呈现的，或者作为人类独特怪癖的清单出现。某项研究很有帮助，但它不能告诉我们人类的错觉在现实生活中是如何起作用的。现实生活的环境是复杂的，我们的思想往往容易受到多种同时发生的因素影响，环境、意图、价值观和身份都很重要。

例如，我们在大幅高估少女怀孕的普遍性的时候（确实会高估，正如我们在本书中将要看到的那样），会过度夸大那些吸引我们注意力的负面的、生动的故事，并利用我们对刻板印象和对社会规范的错误认知的敏感性。研究人员、学者和作者（包括我自己！）也有简化问题的动机：单一的、引人注目的信息能够吸引更多的关注、更多的资金，带来更多的图书销量！但这并不是事情的全部，媒体和政客的议程也发挥了作用。

我们如何思考是如何与我们被告知的东西相互作用的？这个问题还没有得到恰当的认知。几乎所有现有的分析都倾向于集中在这一方面或那一方面：我们易犯错误的人类大脑，或将我们引入歧途的具有操纵性的信息环境。这与我们人类对简单和解决方案的需求相呼应：我们希望看到问题是由一件事或另一件事引起的，提供一个明确的指责焦点和单一答案。因此，我们忽略了真正的问题——我们生活在一个默认情况下错觉由多个来源产生的系统中。

那些主要关注个人错误思维的优秀书籍，在很大程度上忽略了政治和传播领域中的一些角色，把某种特定的世界观强加给大众会给他们带来收益。其他优秀的分析，比如最近出版的许多关于我们如何生活在"后真相"时代的书，它们的解释几乎完全基于当前的政治和媒体环境，而忽略了我们自己有偏见的思维方式。更可怕的现实是它们两者相互强化。例如，政客、媒体和社交媒体通过强调生动、负面、刻板的故事来达到他们想要的反响，恰恰是因为我们更容易受到这些故事而非准确但干巴巴的统计数据的影响。政客、记者和内容创作者本能地理解这一点，因为他们也是人（不管有些人怎么想）。他们受制于和其他人一样的偏见，所以即使这不是卑鄙计划的一部分，他们自己的错觉也会驱使他们行动。然后，在实现政治结果的反馈循环中，以及人气、收视率、点击量、分享或点赞等越来越即时的评级中，这种情况得到了加强。对大多数人来说，这些错觉很容易变成现实。

这种系统的观点解释了为什么我们所探讨的错觉很难消除——为什么它们长期以来相当稳定，为什么它们存在于所有国家和各种各样的问题中。在我们这个后真相时代，这并不是一个奇怪或全新的现象。我们惊讶于自己的错觉如此之大，这反映在我每次展示结果时听到的惊叹和笑声中（老实说，这也是我对自己的每项新研究发现的反应），这表明我们不知不觉地低估了错觉的影响力。

即使这些问题根植于人性，利用它们也是不可原谅的。那些利用人类的错觉系统为自己谋利的人带来了真正的社会风险。他们需要被追究责任。同样，一些简单的策略也可以帮助我们，我们将会在后面看到。

事实上，认真对待这些集体责任比以往任何时候都更为重要——因为我们全新的、不断发展的信息环境正在加速威胁以现实为基础的世界观。

在互联网和社交媒体平台诞生的早期，人们对其提供信息和联系的能力充满了希望。我们在很大程度上忽视了系统性风险，没有想过它们会做出完全相反的事情。我们没有充分关注我们的偏见和启发式如何与这个新的信息环境相互作用。我们被技术进步蒙蔽了双眼，忘记了我们在实践中生产和消费信息的方式所存在的缺陷、动机和操纵（简而言之，操纵人性）的方面。

为了应对媒体和政治宣传的下一次不可避免的变革，我们需要更多地思考这些互动。人工智能工具意味着，针对一条信息，政治竞选活动已经可以做到一天测试其1万种变体，从而能够针对个人做出最有效的信息调整。

我们比以往任何时候都更迫切地需要采取行动，既控制我们被告知的内容，又帮助人们挑战自身的思维方式。

为什么我们的错觉没有增加？

但是，在上面概述的主题中有一个明显的矛盾，它贯穿全书：如果我们的信息环境变化如此之大，越来越多地利用我们的偏见，给我们提供越来越多的虚假信息，为什么我们对社会现实的认知没有出现更多的错误呢？

正如引言中概述的那样，有关错觉的长期趋势的数据很少，但这些数据显示我们在失业率等问题上的错误程度几乎没有变化，自20世纪40年代的美国开始就是如此。在我和益普索或其他人一起做研究的过去15年里，信息环境变化的影响已经最大限度地显现出来，而这些研究所关注的认知错误却始终不变。在我所做的每一项调查中，美国人和英国人所认为的移民数量大约是实际水平的两倍。

这是否意味着我们过于担心自己日益被过滤的生活和不断增加的虚假信息所带来的威胁？不幸的是，这种担心仍然是必要的，因为新的力量确实有可能使一个相对稳定的错觉系统失去平衡。

首先，我们处在这种新传播手段和虚假信息并存的环境并没有多久，所以我们可能只是需要更多的时间来消除错误认知。更重要的是，我们需要看清未来，而不仅仅关注目前操纵和定位信息的技术能力。这些技术都在加速发展，它们的影响难以预测，可能会让我们很快陷入更深的错觉。我们需要跳出来思考，而不是仅对现有能力和威胁做出反应——因为在我们能够采取行动之前，技术还在不断地发生变化。

其次，只关注自己的错误认知，就是把关注点放在了错误的地方。我们对关键社会现实的错觉是重要的指标，而不是关键问题本身。它们揭示出我们担心什么、我们听到或没有听到什么，以及我们愿意向他人表达什么。注意，它们只是部分地揭示了我们看待和思考世界的方式。

信息的改变，可能并不会影响我们对现实的估计，但却会影响我们对自己的世界观的坚持程度，以及我们认为别人错得多离谱。换句话说，就是我们的观点变得有多极端。

有重要的证据表明，这种社会两极分化，表明我们正在分裂成彼此观点大相径庭的"部落"。例如，皮尤研究中心（Pew Research Center）关于美国的证据令人信服。这篇文章概述了美国政治价

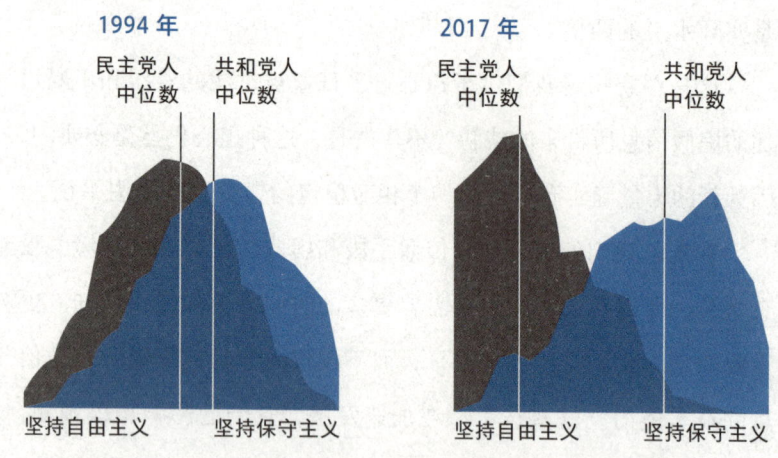

1994 年
民主党人中位数　共和党人中位数
坚持自由主义　坚持保守主义

2017 年
民主党人中位数　共和党人中位数
坚持自由主义　坚持保守主义

图 1　在过去的 20 年里，美国公众在政治上变得更加极端
资料来源：皮尤研究中心。

值观的党派差异在过去 20 年里，尤其是自 21 世纪初以来是如何急剧扩大的。2004 年，民主党和共和党的支持者在 10 个政治价值观（比如政府是否应该做更多的事情来帮助穷人，或者种族歧视是不是黑人现在无法取得成功的主要原因）上的平均差距只有 17%。到 2017 年，这一差距扩大了一倍多，达到 36%。

1994 年，65% 的共和党人比民主党人的平均态度更保守，而到了 2017 年，高达 95% 的共和党人比民主党人的平均观点更保守，两党的支持者转变为几乎完全不同的"部落"。

最后，有人可能会问，如果我们对周围的世界持有错误和相反的看法，那又怎样呢？书中列出的许多错误认知确实对我们自己和他人的生活产生了实际影响。例如，许多人对疫苗毫无根据的怀疑直接影响了疫苗接种率，从而增加了整个社区的健康风险。还有的严重影响了政治结果，比如英国脱欧。更普遍的是，反移民政党往往从对问题规模的夸大中受益。在个人和社会层面上，比如在健康、财务、人际关系和政治方面，还有许多更为实际的影响。最终的结果一定是，人们有关世界到底是什么样子、风险在哪里以及错误认知为什么重要的共识正在破裂。

鲍比·达菲

2019年4月

目录

平装版序言　i

引言　危险无处不在　001
　　我们如何思考　010
　　我们被告知了什么　014

第一章　健康的心态　021
　　精神食粮　022
　　羞愧和糖分摄入　027
　　从众本能的危险　030
　　疫苗接种与对抗无知　034
　　在世界之巅　041

第二章　对性的错误想象　049
　　你的数字是多少？　051
　　你在期待什么？　057
　　道德指南针　067

第三章　关于金钱　075
　　　　　爸爸妈妈的银行　076
　　　　　困在巢里　079
　　　　　我们的黄金年代？　081
　　　　　不平等措施　088

第四章　从内至外：移民与宗教　097
　　　　　想象中的移民　098
　　　　　移民罪犯　108
　　　　　都在我们脑子里？　112

第五章　安全可靠　117
　　　　　更多谋杀？　119
　　　　　更多恐惧？　126

第六章　政治误导与脱离　133
　　　　　民主赤字　135
　　　　　男人统治的世界？　140
　　　　　被遗忘的人　145

第七章　英国脱欧和特朗普：一厢情愿和错误认知　155
　　　　　欧盟全民"哑"投　156
　　　　　欧盟香蕉案　160
　　　　　真正的假新闻　166

群体的智慧和一厢情愿　172

第八章　过滤我们的世界　179
我们的在线回音室　180
我们在选择朋友时过于谨慎　185
每时每刻都在线　187
让世界更紧密地联系在一起？　191
气泡破裂　194

第九章　全球性担忧　201
全球贫困与健康　202
一切都错了　207
一个 vs. 很多　210
感受恐惧　212

第十章　谁错得最多？　217

第十一章　管理我们的错误认知　231
我们能做些什么？　234

致　谢　251
说　明　255
注　释　257

引言　危险无处不在

在大学时，我讨厌上心理学课。而在我现在的印象中，心理学课程是由一群超级聪明、温文尔雅的教授讲授的，他们长得差不多，比起迂腐守旧的无趣学者，他们更像是宽肩窄胯的摇滚明星。他们又高又瘦，发型不太符合一般教授的风格。他们穿着黑色的衣服，有时还穿带有佩斯利花纹的衬衫和有点尖的鞋子。（我承认，嫉妒可能在一定程度上蒙蔽了我的洞察力；其实，我刚刚描述的是拉塞尔·布兰德。）无论男女，学生都被迷住了——不是因为教授叛逆的外表，而是因为他们似乎非常了解我们的思维方式。对于迷茫的年轻人来说，没有什么比真正理解他们的人更有吸引力了。

但我有个问题。我讨厌那些可以证明我们几乎都会陷入同样错误思维方式的认知技巧。他们为我们量身定制了一些问题或实验，以引出特定的答案，并展示我们的大脑有多么典型。在那个缺乏安全感但又傲慢自大的年纪，我想表现得特别一点，语出惊人——但我的答案却和其他人的没什么不同。

例如，马里兰大学的一位教授设定：

你有机会在期末成绩上获得一些额外的加分。你要选择在期末论文成绩上增加2分还是6分。但这里有一个小问题：

如果全班有超过 10% 的学生选了 6 分，那么所有人都将无法获得额外的加分，即使是选了 2 分的人也不行。[1]

这是一个非常直接和具有教育意义的时刻，是"公地悲剧"（tragedy of the commons）的一个教训——个人试图从某一特定资源中获得最大利益，拿走了超过其对应量或可持续份额的资源，从而破坏了包括他们自己在内的所有人的资源。当然，上述设定符合这个事件类型，结果以失败告终。约 20% 的人选择了 6 分，因此所有人都一无所获。事实上，在这个温柔而残酷的实验持续的 8 年里，只有一个班级在其中一个学期里真正拿到了额外的加分。

我对心理游戏一直很抵触，讽刺的是我的大部分工作都专注于进行类似的测试。我在益普索-莫里（Ipsos-MORI）民意调查公司工作了 20 年，设计和解析来自世界各地的研究，试图理解人们在想什么、做什么，以及为什么这么做。在过去的 10 年里，我主持了数百个关于公众错误认知的调查——我们称之为"认知的危险性"（Perils of Perception），调查了一系列社会和政治问题，从性行为到个人财务，范围涵盖了诸多国家。我们在 40 个国家就一些问题进行了超过 10 万次的访谈，这让我们能够根据现实调整我们的看法。这是一个独特而迷人的数据来源，涉及我们如何看待世界以及为什么我们常常会犯错：之前的研究往往专注于一个问题或生活领域，而且范围也很少涵盖到大量国家。你可以在 www.perils.ipsos.com 上深入了解这一整套益普索研究的结果。

在所有的研究涵盖的国家中，人们在我们涉及的几乎每个主题上都出现很多错误，包括移民水平、青少年怀孕、犯罪率、肥胖、全球贫困趋势以及我们中有多少人使用脸谱网等。但关键问题是"为什么"。

让我们从一个问题开始，这个问题与我们稍后要讨论的社会和政治现实几乎没有关系，但有助于强调为什么在观念和现实之间会有这样的差距："在太空中能看到中国的长城吗？"你认为如何？如果你和普通人一样，那么你给出肯定答案的概率为 50%，因为调查显示，有一半的人说他们觉得在太空中可以看到长城。[2] 他们错了，事实上看不到。

长城最宽处只有 9 米，大约有一个小房间那么宽。它是由与周围山脉颜色相近的砖块建造而成，所以与周围的风景融为一体。如果你花点时间想一想，从太空中可以看到长城的想法其实有点荒谬，但有一些很好的理由可以解释为什么你会这么想。

首先，关于这个问题你不会思索太多。并不像我，你可能没有查过长城的宽度或它与外太空的距离（然后陷入无休止的论坛讨论之中）。你手边没有现成的相关事实。

其次，你可能不经意间隐约听到别人说过这句话。你甚至可能在报纸上看到过或者在电视上听到过。多年来，《打破砂锅问到底》(*Trivial Pursuit*) 一直将其设置为一个（错误的）答案。

你不太可能在中国的教科书上看到这句话，但它仍然被列为事实。然而，你可能在某个地方见过它，且没有看到任何与这一断言相悖的东西，于是它就在你的脑海中逐渐根深蒂固了。

再次，你一般会不假思索地给出答案，想继续读完这本书——这种"快思考"是由诺贝尔奖得主、行为科学家丹尼尔·卡尼曼（Daniel Kahneman）推广的，它依赖于思维捷径。因此，你可能混淆了不同的测量尺度。我们知道中国的长城非常"宏伟"——确实，它是地球上最大的人造建筑之一。但这主要是因为它的长度，而这并不是一个可以使其在太空中可见的特性。

最重要的是，对于这样一个平凡的问题，你的回答可能比你认为的更有情感色彩。花些时间研究一下这个答案吧，你会发现即使是宇航员也会为此争论不休。（需要说明的是，尼尔·阿姆斯特朗说看不见它，这对我来说就足够了。）你甚至可以找到看似来源可靠的照片，声称这是从太空中看到的长城。（至少在一个案例中，照片上只有一条运河。）有了长城这样的庞然大物，我们愿意相信宇航员、外星人，甚至连神都能看到我们的杰作。我们希望答案是真的，因为它令人印象深刻——这种情绪化的反应改变了我们对现实的认知。

利用错误的先验知识、回答以往未遇到过的问题、在不同的尺度上进行比较、依赖于快思考并忽视情绪如何塑造我们的所见所想，这些都是我们每天要面临的认知风险。中国的长城是一个真实的、有形的、可以测量的物体。现在想象一下，我们在思考复杂和具有争议的社会和政治现实时，同样的认知问题是如何拖后腿的。

但还有最后一点。我已经指出，最好的证据表明在太空中是看不见长城的，你可能会相信我，如果你之前只有一个模糊的概念，现在你可能已经改变了观点。当然，它没有演变为一场激烈的辩论（这与你的出身和族群密切相关），所以你更容易耸耸肩并更新你的观点。但重点仍然是我们有能力在新的事实面前调整我们的观念。

我们从（字面上来看）一个琐碎的问题开始讲述，但值得强调的是，这绝对不是本书的重点，令人好奇的是（一些人）对事实的无知和对荒谬的信仰。我们喜欢嘲笑他们：有 1/10 的法国人仍然相信地球是平的；有 1/4 的澳大利亚人认为穴居人和恐龙同时存在；有 1/9 的英国人认为"9·11 恐怖袭击事件"是美国政府的阴谋；还有 15% 的美国人认为媒体或政府在电视传播中添加了秘密的精神控制信号。[3] 我们最感兴趣的不是小众愚昧或对阴谋论的少数信仰，而是民众对个人、社会和政治现实更为普遍和广泛的错误认知。

让我们来看一个与我们关注的社会状况更接近的基础问题："你们国家 65 岁以上人口的比例是多少？"你自己想想吧。你可能听说过你们国家的人口渐趋老龄化，甚至面临人口结构方面的"定时炸弹"，老年人口占你们国家人口的比重越来越大，以至于年轻人无法支撑老年人的退休及养老。媒体经常强调赡养不断增长的老年人口对经济造成的压力，尤其是在意大利和德国。甚至有报道称，日本成人纸尿裤的销量将超过婴儿纸尿裤。这些故事可能是杜撰的，但它们提供了一个非常生动的画面，让我们难以忘记。

那么，你会如何认为呢？

当我们询问 14 个国家的公众本国老年人口比例时，每个国家的平均猜测都远高于实际比例。在意大利，实际比例为 21%，而在日本，实际比例为 25%。这是一个很大的数字——分别占总人口的 1/5 和 1/4，大约是上一代或上两代人老年人口比例的两倍。然而，平均猜测值大约是实际人口比例的两倍。意大利人认为 48% 的人口（约一半）年龄在 65 岁或以上。

从这个非常简单的例子中你可以看到，我们的错误认知不仅仅是由我们所经历的狂热的政治事件所驱动的。在脸谱网或推特上，虽然没有自动机器人发起的大规模虚假信息宣传试图让我们相信我们的人口比实际年龄要更老，但我们仍然在这方面大错特错。我们的错误认知是广泛、深刻且长期的。从民主思想诞生开始，政治无知就一直是令人担忧的问题。柏拉图曾抱怨公众太过无知，以至于无法选择一个政府或追究它的责任。

很难验证这种错误认知是否已经广泛传播了很长一段时间，因为佐证需要有代表性的调查，而社会科学家直到最近才开始进行严谨的民意调查。在 20 世纪中叶，针对人们对社会现实看法的调查很少，且主要局限于简单的政治事实——例如，哪个政

问：你们国家 65 岁以上人口的比例是多少？

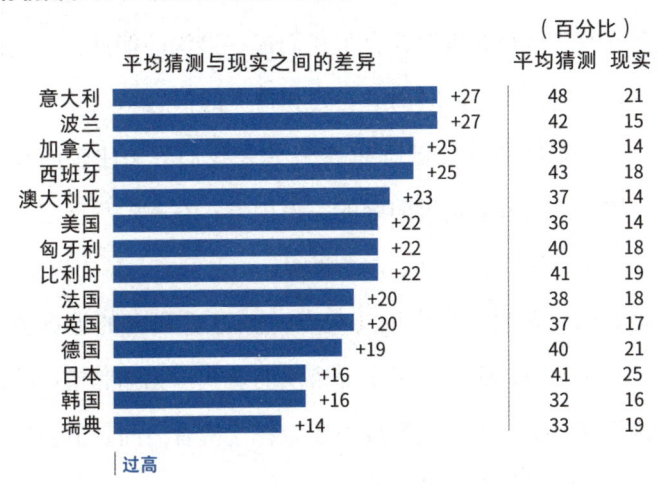

	平均猜测与现实之间的差异	平均猜测	现实
意大利	+27	48	21
波兰	+27	42	15
加拿大	+25	39	14
西班牙	+25	43	18
澳大利亚	+23	37	14
美国	+22	36	14
匈牙利	+22	40	18
比利时	+22	41	19
法国	+20	38	18
英国	+20	37	17
德国	+19	40	21
日本	+16	41	25
韩国	+16	32	16
瑞典	+14	33	19

过高

图 1　所有国家都严重高估了 65 岁以上人口的比例*

党执政、他们的政策是什么、领导人是谁。一些问题早在 40 年代就被提出了，在最近的研究中再次被提出，我们会看到，答案表明一切没有任何改变。[4]

在 2016 年"后真相"（post-truth，即在形成观点方面，客观事实的影响力不如诉诸情感和个人信仰）被牛津词典评为"年度词汇"时，人们犯错的可能性就和现在一样大。

这并不是说，现在意识形态驱动的话语和相应的技术爆炸对我们对现实的感知没有影响，或者说我们并未生活在特别危险的时代。事实上，这些技术变化让我们对世界或关键问题的看法产

---

*　图中平均猜测、现实及差异的数据是分别取整的，差异的数字并非由取整后的平均猜测与现实数字相减得出。全书皆如此，不再另做说明。——编者注

引言　危险无处不在　　007

生了尤其可怕的影响——因为我们选择能力的巨大飞跃和受其他人影响的"自我意识"迎合了我们那些最深的偏见,使我们偏向于现有的世界观,同时回避与之相冲突的信息。

但这正是问题的关键所在——如果我们只关注表面和被告知的事物,我们就会错过问题的关键因素:在一定程度上是我们的思考方式导致我们误解了这个世界。

此处相应诞生了一个重要观点——这些研究的重点主要不是为了根除无知,而是为了发现错误的认知。无知和错误的认知之间的差别似乎很小,在实践中要想在这两者之间划清界限往往很困难,但原则是必不可少的。

无知的字面意思是"不知道"或"不熟悉"。然而,错误认知是对现实的一种确定的误解,或者如新罕布什尔州达特茅斯学院(Dartmouth College)政治学教授布伦丹·尼汉(Brendan Nyhan)及其同事所言:"错误认知不同于无知,因为人们往往对它们持有高度肯定的态度……并认为自己知识渊博。"[5]在我们所调查的人中很少有人认为自己无知,他们回答的是自己认为的真实答案。

在实践中,错误信念涵盖了从无知到错误认知的广泛光谱,并不是非此即彼的。在许多情况下,人们的认知在变化,并且自己也不确定这些认知是否正确。二者的区别表明,仅仅通过给人们更多信息以改变他们的错误认知是多么困难,就好像他们是一个空的容器,等着被事实填满以修正他们的思维和行为。

一项对错误认知（而非无知）的调查将焦点从公众舆论转移到一群人的观点和信仰上，这些观点和信仰是由许多相同的、潜在的思维方式所驱动的。它提出了一个至关重要的问题：为什么我们相信我们所相信的——这是理解认知风险的真正价值所在。我们的错误认知可以帮助我们了解我们最担心的事情——以及我们不应该担心的事情。我们会发现青少年怀孕或恐怖袭击这些引人注目的事件使我们认为这些现象比实际情况更普遍，而自我否定导致我们低估了全体人口的肥胖水平。

我们的错误认知也给人们提供了更微妙的教训。我们认为别人做什么、相信什么——也就是我们认为的"社会规范"（social norm）——可能会对我们的行为产生深远的影响，即使我们对这个规范的理解不可避免地会被人误导。例如，我们很多人存的退休金太少以至于无法在退休后过上体面的生活——但我们认为这种情况比实际情况更加普遍。鉴于我们本能地认为"随大流"是安全的，这种"不储蓄是正常的"的错误认知可能会对我们的行为产生负面影响。

更重要的是，当我们将我们认为别人做了什么和我们说我们做了什么相比较时，我们就得到了暗示，这些暗示影响了我们对这些行为的评价。例如，我们做的事情让自己感到羞耻。有时，我们感到羞耻的事情是令人惊讶的，也是具有启发性的。正如我们将在第一章中看到的，我们似乎对吃糖过多比对不锻炼更感到羞愧。意识到我们更有可能在摄入糖分方面对自己撒谎，这是改善我们健康的关键一步——无论是在个人还是社会层面。即使我们觉得自己对这个世界已经很了解，我们每个人仍可以从中学到一些东西。我们的错误并不是因为愚蠢：我们都受到个人偏见和外部环境的影响，从而扭曲了自己对现实的看法。

我们可以将我们对错误认知的各种解释分为两类：我们如何思考和我们被告知了什么。

我们如何思考

我们必须从大脑如何处理数字、数学和统计概念这样的问题开始。考虑到我们需要经常量化世界以及我们对世界的感知，计算能力（numeracy）在我们整体理解世界方面起到了巨大作用。对于日积月累的统计数据本身，我们是不可能完全了解掌握的：让人难以置信的是互联网超过 90% 的数据是在过去两年里创建的；2016 年，互联网每天产生 440 亿 GB 的数据，但预计到 2025 年，这一数字将增长到每天 4630 亿 GB。[6] 许多我们关心的事物，其数据被创建并传递，数据的数量也呈指数级增长，所以计算能力的问题变得越来越重要。

对我们中的许多人来说，处理我们目前需要进行的各类计算并不是可以完全自然而然搞定的。对人类（以及猴子）大脑的核磁共振研究表明，我们有一种与生俱来的"数字感知"，而且我们尤其适应数字 1、2 和 3，除此之外，还能在比较一个物体的数量时发现巨大的（而不是很小的）差异。[7]我们在生活中经常依靠这些进化出来的数字技巧。

但生活中的很多计算都比小数值的大小比较复杂得多。一个世纪前，伟大的科幻作家H. G. 威尔斯说过：

> ……只有那些在数学分析方面受过扎实训练的人才能接触和思考无穷无尽的社会和政治问题，那个时代可能不会很遥远……在一个正在发展中的、世界级的、崭新的、伟大而复杂的国家，想要成为一名卓有成效的公民，需要能够用平均值、最大值和最小值计算和思考，就像能够读和写一样。[8]

威尔斯提到的数学理解对于"无穷无尽的社会和政治问题"是多么重要，似乎是专为我们这个时代而写的，但要完全完成他的愿景，我们还有很长的路要走。无数的实验表明，大约有10%的公众不能理解简单的百分比。[9]很多人在理解概率方面都有欠缺。法国学者拉普拉斯（Laplace）称概率为"将常识简化为计算"，但这并没有让我们大多数人在计算概率方面做得更好。[10]例如下面这个问题，如果你把一个硬币抛两次，得到两个正面的概率是多少呢？

答案是25%，因为只有4种概率结果：两个正面、两个反面、一个正面然后一个反面以及一个反面然后一个正面。令人担忧的是，在一项具有全国代表性的调查结果中，只有1/4的人答

引言 危险无处不在　011

对了这道题目，即使让他们在多个答案选项中选择也是如此。[11]这个题目似乎是对我们理解世界关键事实能力的一个相当抽象的测试，但是正如我们将看到的那样，概率思维是人们建立对社会现实准确认识的一个基础。

更令人担忧的是，我们似乎并不担心自己缺乏基本的数学能力。我们在为英国皇家统计学会（Royal Statistical Society）进行的一项研究中发现，与威尔斯的愿景相反，我们更重视文字，而不是数字（这让我和皇家统计学会都有点沮丧）。当我们问人们什么会使他们更为自己的孩子感到自豪，是其擅长文字能力还是擅长数字能力时，只有13%的人说他们对孩子的数学能力最自豪，55%的人说他们对孩子的阅读和写作能力最自豪。（还有32%的人说，他们对这两种情况都不会感到自豪，这似乎是特别刻薄的虎妈狼爸式教育方式！）[12]

我们的错误认知不仅源于缺乏对概率统计知识的重视。在过去的几十年里，行为经济学和社会心理学领域的先驱们进行了数千次实验，以识别和理解人类思维中常见的其他错误和捷径——所谓的"偏见"和"启发式"。他们探究我们对信息的偏见、对负面信息的关注、对刻板印象的易感性，以及我们如何热衷于从众。正如丹尼尔·卡尼曼和他的长期合作者阿莫斯·特沃斯基（Amos Tversky）所假设的那样，我们的判断和偏好通常是所谓的快思考的结果，除非它们被缓慢的、深思熟虑的推理所修正或推翻。[13]

一个常见的心理误差值得我们注意，因为人们对它可能不太熟悉，但它对于我们将讨论的许多错误认知非常重要。"情感性数盲"（emotional innumeracy）理论认为，当我们对社会现实认知错误时，因果关系很可能是双向的。例如，人们高估了他们国家的犯罪率。他们是因为关注犯罪而高估了犯罪率，还是因为高估了犯罪率进而关注犯罪？我们有充分的理由认为这两者兼而有之，从而创造出一种难以打破的错误认知反馈循环。

最后，有一种可能性是，我们的错误认知几乎完全是由我们大脑的本能运转形成的——这一观点诞生于心理物理学（psychophysics）领域（它研究的是我们对生理刺激的心理反应），才刚刚开始应用于社会问题。印第安纳大学的大卫·兰迪（David Landy）和他的研究生埃莉诺·布劳尔（Eleanor Brower）、布莱恩·瓜伊（Brian Guay）的分析表明，我们在预估社会现实时所犯的诸多错误，很大一部分可能源于我们在报告生理刺激时所遭遇的各种偏见。例如，我们低估了响亮的声音和刺眼的光线的影响，高估了安静的声音和微弱的光线的影响，这是一种完全可预测的情况——在关于我们如何感知社会和政治现实状态的数据中也出现了这种模式。我们在犹豫不决时，会把赌注押在中间，这可能意味着我们对世界的基本看法并不像看起来那样带有顽固的偏见。

然而，与声音和光不同，我们要观测的现实通常处在社会层面，明确的估计对我们是有意义的，我们为之辩护，并且会影响我们对其他事物的态度。尽管如此,我发现心理物理学对于我们对自己错误认知的理解是一个鼓舞人心的补充:我们可能并不总是像自己认为的那样错误百出,或者说,我们的错误可能并不代表我们对世界怀有偏见。

我们被告知了什么

第二组影响我们对世界的看法的因素是外在的。

首先是媒体。每当我在会议上展示任何来自认知风险调查的发现时,我得到的第一个反馈永远是——有时我还在发言,听众就会大声指责:"这就是《每日邮报》希望的效果!"(如果我在英国)或者"这就是福克斯新闻频道(Fox News)的影响!"(如果我在美国)或者"这是假新闻的效应!"(我在演讲时的任何地方)。

"假新闻"(fake news)这个概念在 2017 年迅速获得了惊人的关注,不止一部词典将其评为"年度词汇"。但我认为这是一个毫无用处的术语,出于一些原因,它只与我们在这里感兴趣的错误认知类型有短暂关联。

如果定义恰当,这是一个非常小的概念。我们主要的错误认知并不源自完全虚构的故事,这些故事有时是为了给创作者和出版商赚钱而打造的"标题党"式诈骗,或者是出于更险恶的原因编造的,我们将对此进行探讨。

就连这个词的有限使用也遭到了破坏,主要是因为在许多"真正的"假新闻的来源——唐纳德·特朗普（Donald Trump）——的推动下，这个词变成了一个攻击性的词，特指反对者不赞同的一般媒体新闻和个人报道。例如，在共和党的网站颁布的"2017假新闻奖项"中，我们可以看到一系列让人费解的"获奖者"，比如存在事实性错误的报告、一个记者的个人账号中已经被撤回并删除了的推特发文、显示人群比实际人数少的照片、在日本粗暴地投喂锦鲤、开始被拒绝后来被接受了的握手言和，以及特朗普对2016年总统选举期间勾结俄罗斯的否认。

正如我们将要看到的，我们的错误认知远不只是一种"假新闻效应"——尽管我们会着眼于一些最引人注目的假新闻案例中让人难以置信的波及范围和人们令人恐惧的信念水平，以此强调虚假信息所带来的更为广泛的挑战。

虽然在我们的解释中对媒体的单纯抨击相对较少，但媒体仍然是造成和强化错误认知的体系中的一个至关重要的角色。然而，更广泛地说，尽管媒体深具影响力，实际上它并不是我们错误认知最重要的根源：当前的媒体是我们应得的或者说是想要的。

如今，信息技术和社交媒体给我们对事实的认知带来了更多的挑战，因为我们可以在很大程度上过滤和调整我们在网上看到的内容，而且这些内容越来越多地在我们甚至没有注意或意识到的情况下发挥作用。"过滤气泡"（filter bubbles）和"回音室"（echo chambers）会助长我们的错误认知。看不见的算法和我们自己的选择偏好会帮助创造我们自己的"个人现实"。技术进步的步伐让这种分裂变得愈发可怕，如此复杂且不可阻挡，让人麻木。我们每个人都将在网上体验自己的"个人现实"，在几年前看来这似乎只是《黑镜》（*Black Mirror*）里才会出现的情节，现在人们对它却习以为常。这是非常危险的，因为它迎合了我们一些最深层的心理怪癖——我们渴望让自己已经持有的观点得到证实，以及本能地回避任何挑战它们的事情。

我们的自满情绪可能会被一场席卷脸谱网的丑闻所动摇。在2016年美国总统选举和英国脱欧公投期间，政治咨询公司剑桥分析（Cambridge Analytica）似乎使用了约8700万用户的数据确定广告推送目标。然而，最初的迹象表明，即使有这个令人震惊的例子，也不会导致我们对"过滤世界"的大规模抵制：即使在报道的高峰时期，技术监控公司报告称，脸谱网的全球使用量仍在正常的预期范围内。[14]

政治和政治文化也直接助长了我们的错误认知。我们很少有人与在职政客有定期的、直接的个人接触，我们从政客和政府那里知道的很多事情都是通过媒体传播的，政客的言论被过多的媒体报道，特别是在关键的竞选活动期间。唐纳德·特朗普在美国当选总统和英国脱欧公投都被众人称为欺骗性沟通的巅峰，也催生了"另类事实"（alternative facts）等新词。当然，在任何国家都从未出现过政治通信传播能够百分百准确的黄金时代。例如，在17世纪中期的法国内战期间，一系列臭名昭著的小册子为人们对王室镇压的愤怒提供了一个合理的宣泄出口，同时还提供了完全虚假的指控，即路易十四的首席大臣马萨里诺枢机主教犯下了包括乱伦在内的一系列性侵犯行为。[15]

当然，越来越多的政客通过社交媒体与人们直接交流，特朗普总统的推特在他的交流中变得非常重要，甚至他的新闻秘书证实这些都是官方声明。结果，一些推特用户试图起诉特朗普，说他们被他拉黑了，甚至有人呼吁将这些推文收藏到国家档案馆：我们可以放心，covfefe*将为后代保存下来。[16]

最后，还有一种我们称之为"现实生活"的东西：我们自己直接看到的东西；我们从家人、朋友和同事那里听到的东西；我们在这个世界上亲身经历或见证的东西。我们对社会现实的看法并非都来自电视或推特。但我们很快就会看到，我们自己的经历是完全典型的这一假设是有重大风险的——我们将从如何照顾自己的健康开启这一话题。

* * *

在接下来的章节中，我将带你们审视我们对当前面临的一些重大决定的看法，从为退休攒多少钱到如何回应对移民的担忧，再到如何鼓励人们参与解决全球贫困问题。当我们发现自己行差踏错时，我们也会考虑要如何把事情做对——无论是作为个人

---

* 特朗普发布推特时臆造的一个英文中并不存在的词。——译者注

还是作为一个社会整体而言。我们有可能更加了解自己做出决定所依据的现实。我们不必因为自己的错误认知而陷入危险之中。

当你阅读下面的章节时,请记住这5点,我们将探讨我们的错误认知及其背后的原因:

1. 我们中的许多人对许多基本的社会和政治事实的认识都是错误的。
2. 我们的错误不仅包括我们被告知的内容,也包括我们的思考方式——这意味着,我们不能仅仅把我们错误的信念归咎于媒体、社交媒体或政客,这是系统整体的问题,其中还包括我们自己的思维。
3. 我们的错误认知往往是在特定的方向上产生偏差,因为我们的情绪反应会影响我们对现实的看法。因此,错误的认知提供了宝贵的线索,我们不应该只是嘲笑或忽视它们。
4. 了解我们犯错的真正原因会让我们有更好的机会改变错误认知,无论是个人的还是集体的。
5. 世界并非完全没有希望,至少可从以下两个维度来看:世界并不像我们想象的那么糟糕,而且它通常正在变得更好;我们并不像看起来那样完全被错误的认知所奴役——我们确实会改变我们的认知,而事实在此过程中依然很重要。

我很荣幸能够从事各种各样令人着迷的研究,从许多不同的角度理解我们的错误认知。我没有基于既得利益把我们错误的认知归咎于一个特定的原因，或者得出只有某个特定的行动才可以解决问题的结论。现实来看，原因是多方面的，所需采取的行动也是复杂的。

有一点值得强调：我坚信，在其中事实仍然很重要，并且在形成我们的观点和行为方面发挥着作用。仅仅因为错误认知符合我们的目的或利用了人们信以为真的事实，就制造或鼓励错误认知，这样是行不通的。我们需要认识到，我们的情绪和思维模式是解释的重要组成部分——更充分地理解"我们为什么是错误的"是我们更接近现实的唯一机会。这就是我们的目标：坚持以事实为基础理解世界。

希望并不渺茫。

现实世界的现状和变化往往都比我们认为的要好。我们将要探讨的许多社会问题都取得了显著的进步。这并不是说事情很完美，或者我们已经做得足够好，但许多可评估的事实证明我们的乐观是合理的。

虽然我们将要重点关注的许多社会心理学证据都生动地描述了我们的偏见，但这不应该让我们得出这样的结论：我们是不动脑筋的机器人，对理性和新信息免疫。我这么说也许并不奇怪，我还没有完全放弃学生时代的质疑心态，质疑人类的思维是完全可以预测的。我希望本书能展现出一种平衡的观点：我展示了一些对世界的让人错愕的错误认知，以及其中有多少是我们的思维方式造成的——但同时希望比乍看起来的更多,并且事实仍然很重要。

对我来说,我们对错误认知的研究最吸引人的一方面是收集关于广泛的社会问题和许多国家的现实情况的信息。它提醒我们,现实可能令人担忧,也可能让人鼓舞,而且不同国家的行为和观点存在巨大的差异。我们的一个固有偏见是认为其他人比实际上更像我们自己。这些数据证明了这种假设是多么错误。如果不出意外,我希望本书能告诉你这个世界是如此多姿多彩、不同寻常。

第一章　健康的心态

关于如何保持健康，总有各种各样的建议。新的饮食和健身方式承诺可以为我们带来立竿见影的健康状态，源源不断的"超级食物"声称能包治百病。实际上，"山羊瑜伽"已经成为一种时尚，从俄勒冈州到阿姆斯特丹都有瑜伽课程供人们选择。[1]

然而，健康生活所面临的挑战不仅仅是虚假时尚那么简单。坦率地说，如果人们认为螺旋藻、奇亚籽、枸杞和活性杏仁是健康生活必需的，那他们应该会感到困惑。不仅是小报头条上最新的饮食弊端文章在扭曲严肃研究以迎合我们对这个癫狂世界的感觉，就连英国《每日邮报》都在感叹："现在婴儿食品和饼干都与癌症有关联。"[2]

不，随着我们不断了解我们的身体是如何运作的，官方的指南也在不断转变。2005年，美国膳食指南几乎只关注减少脂肪总摄入量，并没有区分饱和脂肪和不饱和脂肪。在目前的指南中，美国人第一次被警告"摄入了过多的添加糖"。同样的情况也适用于体育锻炼，关于运动的频率和强度，世界各地都有不同的指南。

图书馆里相关研究的书籍不在少数，但少有观点完全一致的，因为事实如此复杂、不确定，且不断变化。要把每种营养物质对身体的影响区分开来几乎是不可能的，而且饮食和运动对人的影响也是不同的——基因影响着我们对食物的代谢方式。更根本的是，很多关于饮食的数据都是有缺陷的：正如我们将要看到的，控制和测量人们实际摄入了（而不是人们说自己摄入的）哪些物质是件非常困难的事情。

对于幸福也是如此，甚至情况更糟，没完没了的严肃但伪相关的研究试图揭示影响生活满意度的真正重要因素。有一件事似乎是明确的，那就是健康和幸福是紧密相连的，而且这种联系比我们通常意识到的还要紧密。英国的一项研究表明，消除抑郁和焦虑将会减少 20% 的痛苦，而如果政策制定者只是设法消除贫困的话，相应的下降比例仅为 5%。[3]

因此，人们对调查结果所清楚显示的东西感到困惑也就不足为奇了。我们的错误认知描绘了一幅否认和自我欺骗的图景，其中还加入了对吸睛的恐怖故事的危险关注。

精神食粮

认清我们对健康的错误认知相当重要。这样做能迫使我们审视应当如何保持健康的一些现实问题，在许多情况下，真实的健康统计数字令人震惊，在体重和饮食方面尤其如此。

我们在对 33 个国家进行的一项特别研究中发现，平均 57% 的成年人有超重或肥胖问题。这实在是太可怕了——每 10 个人中就有 6 个人体重超过了医学专业所认为的健康体重。

在美国，66% 的人口超重或肥胖；在英国，这个数字是 62%；在沙特阿拉伯，这个比例更高，达到了 71%。只有西欧的两个国家——法国和荷兰——可以自夸只有不到一半的人口超重或肥胖，但他们并不足以作为健康的典范，因为这两个国家的比例也有 49%。

就我们的研究目的而言，同样重要的是这些国家的人们都大大低估了超重人群的比例。沙特阿拉伯是一个极端的例子：沙特人认为，他们国家只有 28% 的人超重或肥胖。土耳其、以色列和俄罗斯民众平均猜测的超重或肥胖人口比例大约是他们实际水平的一半。在被调查的国家中，只有三个国家（印度、日本和中国）高估了超重或肥胖的人数，只有一个国家（韩国）估计正确。

对于这个最基本的健康要素，为何有这么多人错得这么离谱呢？对此有多种解释。

首先，"超重"或"肥胖"的定义一点也不直观。这些术语是根据身体质量指数（BMI）进行分类的，BMI 是 19 世纪中期发展起来的，它是用体重（千克）除以身高（米）的平方计算得出的。这是一个简单的计算，但很多人无法通过心算得出正确数值。这个数字主要用于粗略比较人群的健康程度，或者在临床上用于指出病人的饮食问题。"正常""超重""肥胖"之间的分界线也有些不稳定：例如，中国香港医院管理局认为，BMI 在 23～25 的病人属于超重，而美国、英国和欧盟会将这一区间的人群归类为正常。[4]

问：在你们国家，每 100 名 20 岁或以上的人中，你认为有多少人超重或肥胖？

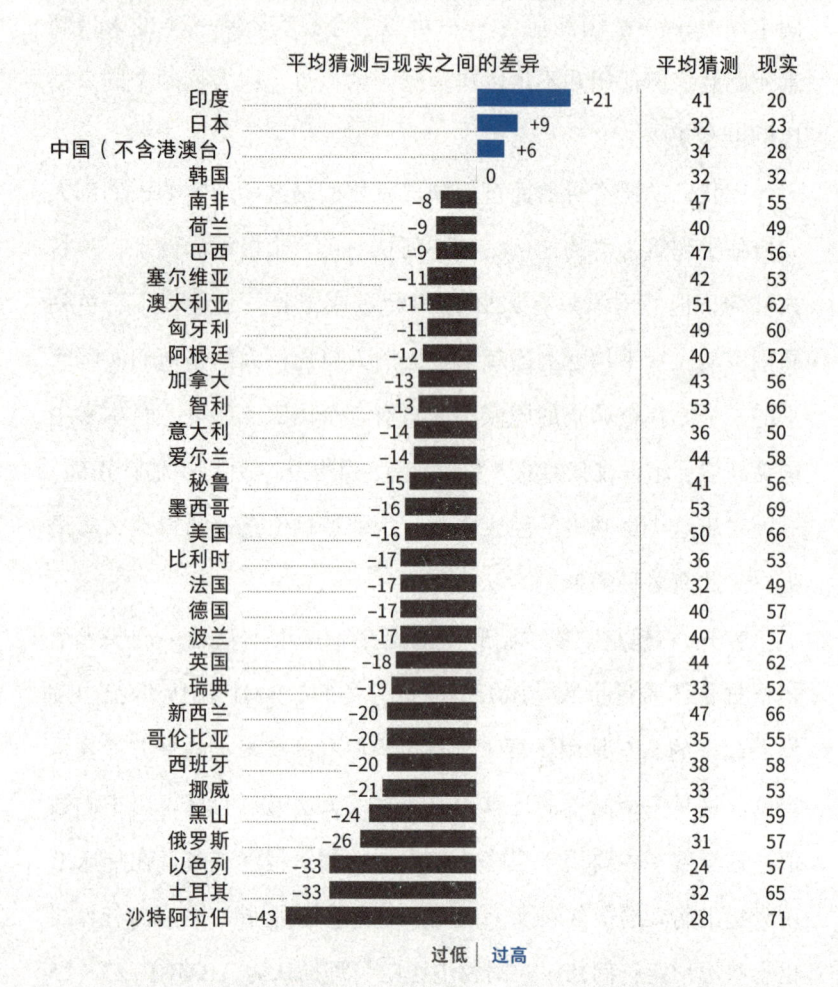

国家	平均猜测与现实之间的差异	平均猜测	现实
印度	+21	41	20
日本	+9	32	23
中国（不含港澳台）	+6	34	28
韩国	0	32	32
南非	−8	47	55
荷兰	−9	40	49
巴西	−9	47	56
塞尔维亚	−11	42	53
澳大利亚	−11	51	62
匈牙利	−11	49	60
阿根廷	−12	40	52
加拿大	−13	43	56
智利	−13	53	66
意大利	−14	36	50
爱尔兰	−14	44	58
秘鲁	−15	41	56
墨西哥	−16	53	69
美国	−16	50	66
比利时	−17	36	53
法国	−17	32	49
德国	−17	40	57
波兰	−17	40	57
英国	−18	44	62
瑞典	−19	33	52
新西兰	−20	47	66
哥伦比亚	−20	35	55
西班牙	−20	38	58
挪威	−21	33	53
黑山	−24	35	59
俄罗斯	−26	31	57
以色列	−33	24	57
土耳其	−33	32	65
沙特阿拉伯	−43	28	71

过低　过高

图 1-1　大部分国家的民众大大低估了超重或肥胖人群的比例

一项涵盖195个国家的研究表明，2015年全球与超重或肥胖有关的死亡人数增加了大约400万，占当年总死亡人数的近7%。[5] 总共有1.2亿伤残调整寿命年（disability adjusted life year，包括早死所致的寿命损失年和伤残所致的健康寿命损失年）是过胖所导致的健康生命流失。但关键的一点是，这些损失的寿命中有近一半是由于超重而不是肥胖。

可能是调查中的一些人在估计本国超重或肥胖的人数时想的只是肥胖。它有时是媒体关注的数字，也是一些人更为熟悉的数字。在一些国家，猜测数字在两者之间：例如，美国超重人口50%的平均猜测，恰好在超重和肥胖的合计比例（66%）和肥胖的单独比例（33%）的实际数字之间。

这只是一系列更广泛的解释中的一个例子，它解释了我们为什么经常大错特错，这反映了我们思考方式中根深蒂固的偏见。当被要求做出这类判断时，我们依赖的是行为心理学家所说的"可得性启发法"（availability heuristic）。这是一种心理捷径，我们据此获取现成的信息，即便它并不完全适用，也不全面。行为心理学家丹尼尔·卡尼曼和阿莫斯·特沃斯基于1973年描述了可得性启发法这一概念。在他们的经典实验中，他们要求受试者听一串名字，然后回忆名单上的男性多还是女性多。实验中的一些受试者听人宣读了一份包含有名的男性和不太有名的女性的名单，而另一些人则听了相反的内容。之后，当研究人员询问时，人们更有可能回答有更多名人的性别。后来，研究人员将这一效应与人们检索信息的容易程度联系起来：在做出决定或判断时，我们倾向于过度依赖我们能轻易记住的东西。[6]

对于体重问题，我们也会有类似的倾向，从自己的错误形象中归纳，并借鉴我们对周围人的观察。而我们确实对自己的形象有很大的认知缺陷。例如，在英国的一项研究中，只有 1/5 的 1 级普通肥胖症男性（肥胖最低级别，BMI 为 30~34.9）将自己归类为肥胖症。更令人震惊的是，只有 42% 的 2 级或 3 级肥胖症患者（有时被称为"严重"或"病态"肥胖，BMI 为 35 或以上）认为自己肥胖。为了让你能够形象地了解剩下的 3/5 有多离谱，举个例子，一个身高 1.8 米的男人需要至少体重 113.4 千克才能有这么高的 BMI。当人们将自己作为判断他人的基准时，他们显然低估了一般情形。

正如医生尼古拉斯·克里斯塔基斯（Nicholas Christakis）和政治学家詹姆斯·福勒（James Fowler）在他们的研究中所揭示的那样，人们也倾向于和与他们类似的人待在一起，随着时间的推移，他们倾向于模仿对方的行为——包括饮食和锻炼等活动。[7] 我们想融入其中，所以我们会模仿大多数人。我们有一种"从众偏见"（herding bias）。这意味着一个超重或肥胖的人更可能有同样超重或肥胖的朋友和家人。这两种影响——我们自己的否认感和错误的信念加在一起，再加上我们扭曲的对照组，让我们认为自己比实际情况更正常——使我们对问题的规模视而不见，也意味着我们没有像我们应该的那样忧心忡忡。

羞愧和糖分摄入

我们对饮食健康的错误认知也延伸到我们对健康生活关键因素的不同看法。我们调查了6个国家的人群——美国、英国、法国、德国、加拿大和澳大利亚——关于糖分摄入和锻炼的情况。该调查描述了关于"糖分过量"的一些标准，以及每周建议的最低运动量水平。然后，参与者被问及他们是否符合这些标准，以及他们是否吃了太多的糖或者运动太少。一旦他们根据这些标准评估了自己的行为，他们就会被问到在他们国家的总人口中摄入糖分过多而锻炼过少的比例是多少。[8]

调查显示了一个有趣的结果：受访者认为的其他人能达到政府颁布的运动健康指南的要求的比例（40%）与认为自己达到要求的受访者的比例（40%）相同，但较多的人（66%）认为其他人吃了过多的糖，相比之下，较少的人（40%）说自己在饮食中吃了过多的糖。

这为人们如何看待这些行为提供了有趣的线索，尤其是与调查中的其他行为进行比较时。当被问及非法和不道德的行为时，如逃税或在没有生病的情况下请病假，受访者的回答非常类似。当然，"不道德"行为因国而异。美国人很乐意承认他们撒谎请病假——37%的人说他们有过这样的行为，相比之下，只有6%的法国人这么做[9]——这可能反映了在法定假期极少的国家人们对于"偷懒假"（duvet days）的社会接受度。虽然几乎没有法国人说自己请过虚假的病假，但他们认为40%的其他法国人请过

第一章　健康的心态　　027

虚假的病假。

在避税问题上，国际上也有一个非常相似的模式：美国人最可能隐瞒自己的避税行为（14%的人说他们上一年逃过税），而法国人承认自己有避税行为的比例与他们所说的其他法国人中有避税行为的比例之间的差距依然是最大的。德国人可能是规则的坚守者，但同时也对其他德国人有更为正面的看法，他们承认自己避税的次数最低，对自己同胞避税行为的估计也最低。

可感知的社会规范
问：在你所在的国家，每100人中，你认为有多少人摄入的糖分超过了每日建议摄入量？

自己的行为
问：你认为自己摄入的糖分超过了每日建议摄入量吗？

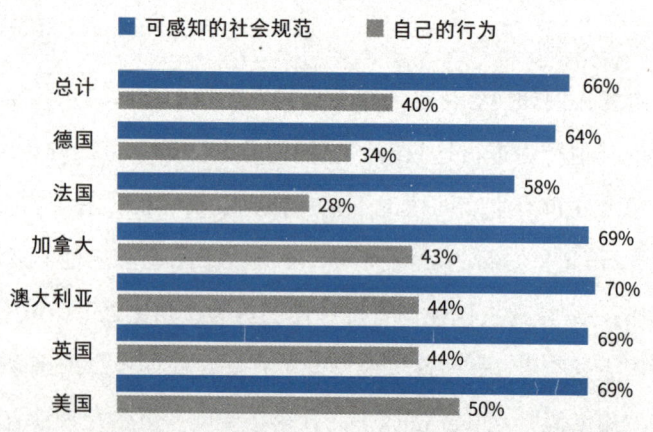

国家	可感知的社会规范	自己的行为
总计	66%	40%
德国	64%	34%
法国	58%	28%
加拿大	69%	43%
澳大利亚	70%	44%
英国	69%	44%
美国	69%	50%

图1-2 每个国家的民众，对有多少人摄入过多糖分的平均猜测（可感知的社会规范）和对自己的评估（自己的行为）之间都存在差距

为什么对自身的糖分摄入量的估计和对其他人的猜测之间存在差距，而运动锻炼水平却没有？羞耻感可能是很大一部分原因。最近，随着营养指南转向关注糖的消费，以及"糖罪税"的引入，糖已经取代脂肪成为最新的饮食禁忌。脑海里的画面是超重的孩子狂喝超大杯的软饮料——我们不想把自己和这些东西联系在一起。这种"羞耻差距"（shame gap）的影响是显著的：在不久的将来，糖含量过高的食品的制造商可能会面临更严格的监管——因为我们不会维护让我们感到羞耻的东西。警示标签、更为严厉的惩罚性税收，甚至某些极端情况下的禁令，可能就像我们在烟酒产品上看到的那样——我们的错误认知表明，公众对这些措施可能没有多少反感。事实上，许多制造商已经对消费者的偏好和政府更严厉干预的威胁做出了反应，他们疯狂调整产品配方以降低含糖量、减少糖分的比重，或者开发无糖替代品。

现在我们已经看到了公众的猜测，你可能想知道事实是什么。接受调查的所有国家都有关于体育活动的官方数据，这些数据表明，我们对自己和他人都过于悲观。虽然40%的人认为他们得到了足够的锻炼，即40%的人群作为一个整体来讲得到了足够的锻炼，但基于日志的体育活动调查表明，实际上有64%的人达到了这些标准。

然而，我们也有充分的理由不去相信这些日志。事实一次又一次地证明，人们并不擅长记录他们实际做了什么。在一项实验中，研究人员将人们在日志中声称自己的活跃程度与从他们佩戴的测量设备（医疗级 Fitbit）获取的数据进行了比较。这些设备表明，人们大大高估了自己的身体活动量：他们每周的运动量只有自己报告的一半左右。[10] 我们同样不擅长准确地记录自己的行为，而且，我们也会不自觉地自欺欺人，说自己比真实的自己更有道德。

英国国家饮食和营养调查（National Diet and Nutrition Survey）发布的关于糖分摄入量的类似日志报告显示，大约 47% 的人摄入了过多的糖分[11]——这与人们在调查中承认摄入过多糖分的比例非常接近，但低于他们认为的"其他人"中摄入了过多糖分的比例。同样，我们有充分的理由对官方数据的准确性表示怀疑。英国行为观察小组（Behavioural Insights Team）利用不同来源的数据（包括分析国民账户以了解我们实际购买的物品）进行的一项研究表明，我们摄入的热量可能比官方调查结果高出 30%~50%。[12] 如果我们的糖类消费量反映了这一整体增长，那么我们对大众的猜测可能非常接近（有些令人沮丧）事实。

从众本能的危险

我们似乎在否认自己的糖分摄入量，我们肯定也低估了自己的肥胖程度。但还有一个关键问题，那就是向人们更好地传达我们面临的巨大健康挑战是否真的有助于改变人们的行为。显然，获知真相是行动的重要第一步——但真的是这样吗？美国社会心理学家罗伯特·西奥迪尼（Robert Cialdini）的研究表明，立法者和沟通者试图通过恐吓促使人们采取行动，其中是有陷阱的。[13] 特别是，当我们听到肥胖或缺乏运动的"流行病"的消息时，我们听到的是这种行为不仅令人担忧，而且很常见。一个问题越普遍，我们越容易接受它作为标准——标准对我们有强大的影响，能把我们拉向它们并暗示这种行为是社会可接受的甚至是必要的。

心理学家所罗门·阿希（Solomon Asch）在20世纪50年代的实验仍然是对这种效应力量的经典演示。[14] 在这些研究中，实验人员在一条线旁边画了三条标有数字的线——一条较短，一条较长，还有一条长度相同。

实验对象被要求简单地指出哪条编号的线长度与没有编号的

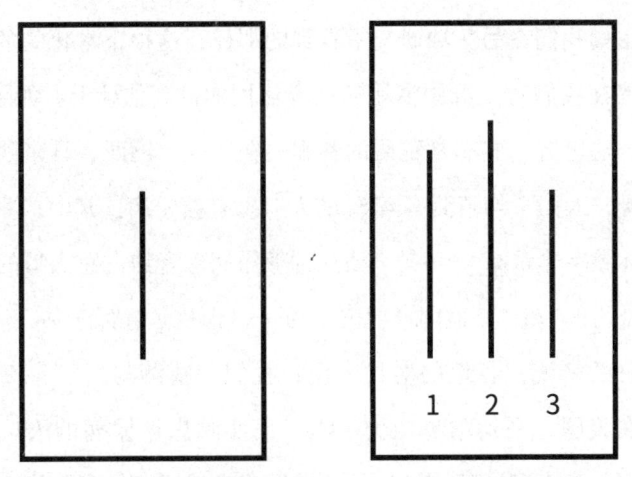

图1-3 所罗门·阿希测量群体压力对个人判断的影响的实验

线长度一致。如果受试者是单独测试的,他们总是给出正确的答案。然而,在另一个实验中,另外 5 个人进入了房间,他们都是演员,他们都给出了同样的错误答案。伴随一些困惑的眼神和摇头之后,1/3 的受试者跟随演员的引导,同样给出了错误回答。这似乎很荒谬,但有一个很好的理由让这么多人跟随别人做出选择——进化告诉我们,当我们留在群体中时,我们就有了更大的幸存概率。

当然,这个实验室测试是一种人为设定的情况,即使是在这里,我们也应该记住有 2/3 的人没有落入陷阱。这些实验以及后来的许多实验都说明了一个至关重要的效应。(这并不是说我们是机械的机器人。)它们说明了,在努力传播"消极行为是常见的"就意味着说它是"正常的"的情况下,我们该如何做:问题的规模可能是获得关注的有效工具,但这是一把双刃剑。

正如我们在另一项研究中看到的那样,这种正常化的危险可能反映在我们对人群中糖尿病患者比例的过高估计上。如图 1-4 所示,这里有一些非常荒谬的答案。在印度、巴西、马来西亚和墨西哥,人们平均猜测有 47% 的人口患有糖尿病!其中一些国家的实际数字非常高——马来西亚的糖尿病患者约占总人口的 1/5,墨西哥约占 1/6,其他国家约占 1/10——但也远远低于估计值。

总的来说,各地的对比表明,我们的猜测与发病率毫不相干:在美国,平均猜测值为 34%,而实际患糖尿病的人口比例为 11%。意大利人猜测的比例与美国非常接近,但实际发病率不

问：在你所在的国家或地区，每 100 个 20~79 岁的人中，你认为有多少人患有糖尿病？

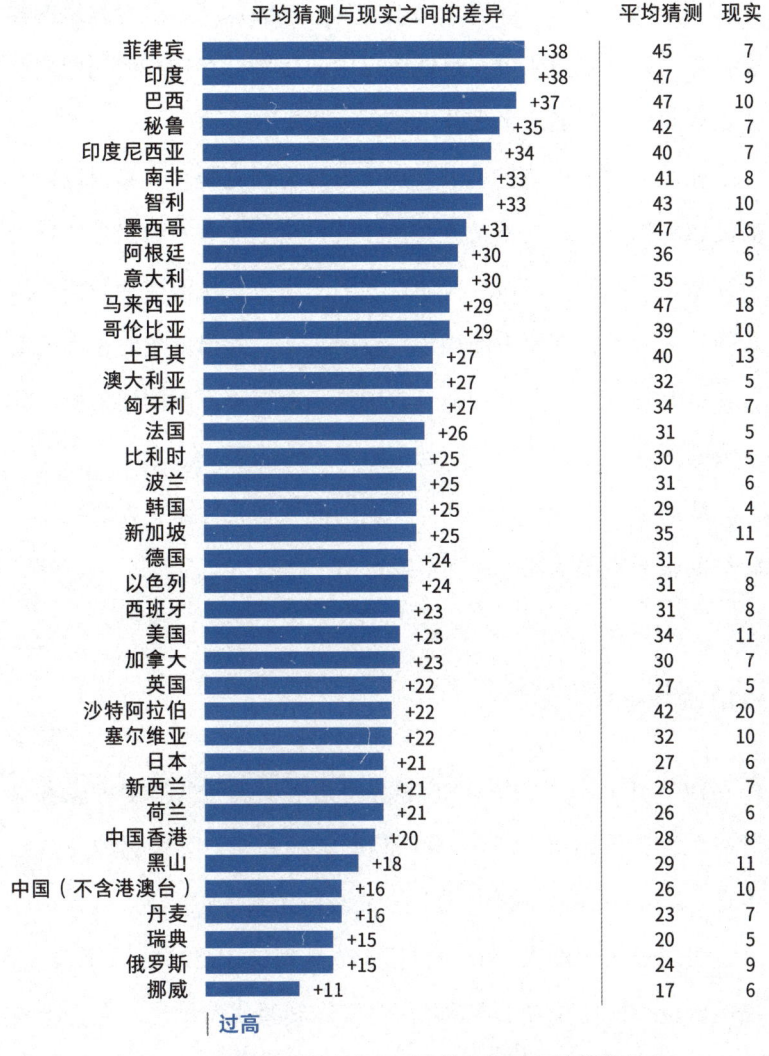

国家/地区	平均猜测与现实之间的差异	平均猜测	现实
菲律宾	+38	45	7
印度	+38	47	9
巴西	+37	47	10
秘鲁	+35	42	7
印度尼西亚	+34	40	7
南非	+33	41	8
智利	+33	43	10
墨西哥	+31	47	16
阿根廷	+30	36	6
意大利	+30	35	5
马来西亚	+29	47	18
哥伦比亚	+29	39	10
土耳其	+27	40	13
澳大利亚	+27	32	5
匈牙利	+27	34	7
法国	+26	31	5
比利时	+25	30	5
波兰	+25	31	6
韩国	+25	29	4
新加坡	+25	35	11
德国	+24	31	7
以色列	+24	31	8
西班牙	+23	31	8
美国	+23	34	11
加拿大	+23	30	7
英国	+22	27	5
沙特阿拉伯	+22	42	20
塞尔维亚	+22	32	10
日本	+21	27	6
新西兰	+21	28	7
荷兰	+21	26	6
中国香港	+20	28	8
黑山	+18	29	11
中国（不含港澳台）	+16	26	10
丹麦	+16	23	7
瑞典	+15	20	5
俄罗斯	+15	24	9
挪威	+11	17	6

过高

图 1-4　所有国家或地区都严重高估了糖尿病的普遍程度

第一章　健康的心态

到美国的一半。糖尿病是一种非常严重但在很大程度上可以避免的疾病，它使人们对健康产生了巨大的担忧，但仅仅关注这类健康问题的规模不太可能得出结论。我们可能低估了自身超重的程度，却会高估超重人群在整体人口中的比例。在这些问题的规模上过多纠缠，可能于事无补。

相反，我们应该把重点放在个人行为和克服个人障碍以做出更健康的选择上，而不是放在社会流行病上。有一些出色的行为研究指出了我们可以做一些非常实际的事情，从而改变我们根深蒂固的坏习惯：在家里使用小一点的盘子；外出就餐时远离自助餐，最好是背对着诱人的甜点；把饼干放在够不着的橱柜里；公开你的锻炼计划，和朋友一起实施——还有更多。[15]

然而，为了我们自己和周围人的健康，我们需要大力挑战一些对健康的错误认知，比如对疫苗的一些看法。

疫苗接种与对抗无知

1955 年 4 月 12 日，距离世界上最著名的小儿麻痹症患者罗斯福总统去世已有 10 年。我们在密歇根大学，等待乔纳斯·索尔克（Jonas Salk）博士的脊髓灰质炎疫苗实验的结果。

房间里有 500 人，其中包括 150 名媒体工作者以及 16 台电视摄像机，面向全美 5.4 万名医生实时转播实验结果。在美国和世界各地，人们都在收听广播，实验结果通过百货公司的扩音器播放，法官暂停审判，以便人们可以收听。疫苗科学家保罗·奥菲特（Paul Offit）写道：

> 演讲很乏味，但结果很明确：疫苗起作用了。在礼堂里，美国人喜极而泣，拥抱在一起……全国各地的教堂钟声响起，工厂静默，犹太教堂举行祈祷会，家长和老师都在哭泣。一位观察员回忆说"就好像一场战争结束了"。[16]

索尔克从艾森豪威尔总统那里获得了一枚纯金奖章。1985年，罗纳德·里根宣布全国应该庆祝"乔纳斯·索尔克日"。[17] 索尔克没有为该疫苗申请专利，从而确保了他的医学发现（以及日后的改进）能造福更多人。当一位采访者问他谁拥有这项专利时，他回答说："嗯，我想说，没有人对此有专利。你能为太阳申请专利吗？"[18]

快进到今天，那些场景与目前一部分公众对疫苗研究人员的看法形成了鲜明的对比。保罗·奥菲特是轮状病毒疫苗的发明者，这种疫苗旨在预防一种导致全球60万儿童死亡的疾病。他还是《自闭症的假先知》（*Autism's False Prophets*）一书的作者和疫苗安全性的捍卫者。奥菲特经常收到恐吓信和死亡威胁。

我们是如何从那时走到今天的？对于那些研究阴谋论和错误信息如何盛行的人来说，这是一个吸引人的故事。这是一个全球现象。在英国，对疫苗的担忧是由安德鲁·韦克菲尔德

（Andrew Wakefield）引起的，他声称麻腮风三联疫苗会导致肠道渗漏，并且渗漏物会通过血液进入大脑，现在这一说法已经被彻底推翻。在美国，人们更多地是担心疫苗中乙基汞的含量，认为这与自闭症有关。

这本书中的大多数问题衡量的是可辨识的现实——可以计算的事情。我们可以质疑这种或那种测量的准确性，但围绕医疗结果的阴谋论却难以验证——因为我们永远不可能完全准确地知道绝对真相。在疫苗和自闭症的相关性案例中，人们在100多万名儿童中做了测试——科学测试只能确定二者之间没有发现任何联系，但它不能保证二者之间确实不存在联系，而在这里，错误的信息占据了主导地位。

英国国家自闭症协会（National Autistic Society）没有利益动机掩盖事实，该组织的观点很明确：

> 很多研究都探讨过自闭症和疫苗之间是否存在联系，结果一再表明二者没有联系。其中包括2014年对其所有现有研究的综述[19]，其中囊括了125万多名儿童的数据。此外，将麻腮风三联疫苗与自闭症联系起来的原始研究已被推翻，作者已从医学登记系统中除名。[20]

从特朗普总统到小罗伯特·肯尼迪，一大批美国名人和其他知名人士都在增加公众的疑虑。这一现象已经延伸至美国之外，尤其是在意大利，贝佩·格里洛（Beppe Grillo）和其领导的五星运动一直在对疫苗的安全性提出质疑——与极端的反疫苗运动相比，大多以一种更微妙的方式进行，但它仍可能是意大利疫苗接种率下降和最近麻疹暴发的部分原因。

世界各地的公众是否一直抱有这种信念？我们主持的首次关于疫苗错误认知的多国研究显示，情况是多种多样的，但总体而言，大约 1/5 的人仍然相信"一些疫苗会导致健康儿童患上自闭症"，38% 的人则对此存疑。

从印度和黑山令人难以置信的 44% 再到西班牙 8%，很多人都相信这是真的。美国处于这个区间的中间位置，为 19%，接近英国的 20%。

尽管这种说法广受质疑，为什么还有 3/5 的人不确定或相信某些疫苗和健康儿童的自闭症之间确实存在联系？因为它具备阴

问：一些疫苗会导致健康儿童患上自闭症吗？对还是错？

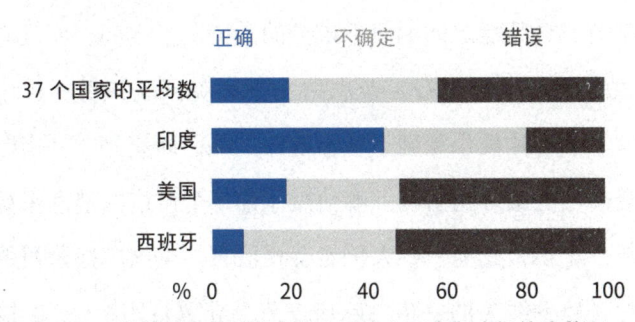

图 1-5 参与调查的国家中有 3/5 的人不确定或相信疫苗和健康儿童的自闭症之间存在联系

谋论的多种要素。

首先,这是一个高度情绪化的问题——没有什么比我们孩子的健康更让我们情绪化了。当我们处于高度情绪化的状态时,我们对待信息的方式就会不同,我们会更加敏感、缺乏理性。

其次,它与人们对风险的理解有关,这是我们真正挣扎的地方。特别是,正如我们最好的风险沟通者之一剑桥大学教授大卫·斯皮格豪特(David Spiegelhalter)所解释的那样:我们需要理解危险(hazard)和风险(risk)之间的区别,前者是潜在的伤害,后者是不利结果实际发生的概率。[21] 例如,一种疫苗激发潜在的线粒体紊乱的可能性非常小,但确实存在,这与一小部分儿童的倒退型自闭症有关。确实有一些美国法院的判例采纳它为合法证据来证明危险的存在,但它们非常罕见,因此几乎每个人都不存在这种风险。但这是沟通的一个难点。

此外,我们确实看到,关于疫苗的沟通往往是无效的,部分媒体让这些故事保持活力。这不仅仅意味着电视节目或文章给那些为疫苗与自闭症之间的联系辩护的人留出了空间,而没有为反驳提供空间——《滚石》杂志的文章和美国脱口秀《拉里·金的日常》节目片段也受到了这些批评。不,即使是"平衡"的报道也会产生更微妙的影响。哪怕媒体说每个可信的消息来源都不支持某一立场,其他一些人仍然会相信它。英国广播公司的系列纪录片《地平线》的一集《麻疹疫苗会导致自闭症吗?》报道了双方的观点,包括韦克菲尔德是如何得出这一结论的细节,以及医学专业人士对他的批评。[22] 越来越多的证据表明，这种表面上的平衡实际上会导致两极分化。凯斯·桑斯坦（Cass Sunstein）在研究人们对有关气候变化的矛盾信息的反应时，将观察到的现象称为"不对称更新"（asymmetric updating），即人们接受与自己观点相符的信息，即使它是被边缘化的。[23] 在本书中，我们会回到这种关键偏见的变体——我们只会听到我们想听到的东西。

这不仅仅与主流媒体有关。网上内容的激增为各种各样的观点提供了空间，但这也让人们更难分辨真伪。反疫苗网站的名字听起来很体面，比如"国家疫苗信息中心"或者更令人印象深刻的"国际疫苗接种医学委员会"，听起来像是联合国机构，但实际上只是一个运动组织。

所有这些来源的叙述都很重要。这些故事让我们印象深刻，有很多个案研究声称疫苗与自闭症之间存在联系。模特、演员和电视节目主持人詹妮·麦卡锡（Jenny McCarthy）是最受关注的"自闭症妈妈"，她经常解释，其他"成千上万"的父母告诉她，就在接种疫苗后，"我回到家，他发烧了，他不说话了，然后他就患上了自闭症"。麦卡锡将这些故事提升到与科学证据同等的地位，她说，没有丝毫讽刺的意味，"父母的八卦信息是有科学依据的"。[24]

在这些情景下，故事会取代现实。疫苗科学家保罗·奥菲特拒绝和麦卡锡一起出现，他解释说："每个故事都有英雄、受害者和恶棍。麦卡锡是英雄，她的孩子是受害者——剩下的角色就留给了你。"[25]

第一章　健康的心态　039

这些医学上的错误认知或许是可以理解的，但它们可能会造成严重的后果，后者很难用同样有力的方式传达出来。首先，疫苗接种存在"群体免疫阈值"（herd immunity threshold），如果接种率低于一定水平，传染病就会在无保护人群中迅速传播。不同疾病和疫苗的情况不同，但以麻疹为例，这一阈值比例为90%。最近，在反疫苗情绪根深蒂固的社区出现了严重的麻疹疫情，如2017年美国明尼苏达州的索马里裔美国人社区。

其次，这种对自闭症的未经证实的解释的关注，分散了对自闭症本身更深入的关注。正如英国国家自闭症协会所说：

> 我们认为，没有必要把更多的注意力或研究资金用于研究一个已经被全面质疑的联系。相反，我们应该集中努力改善英国70万自闭症患者及其家庭的生活。[26]

虽然我们的数据显示，世界各地的部分公众仍然对疫苗存在错误认知，但围绕其报道的争议至少鼓励了一些广播电视公司解决"虚假平衡"（false balance）危险的问题。例如，英国广播公司加强了他们关于如何呈现不可信的科学观点的指导方针，至少现在看来，像安德鲁·韦克菲尔德被推翻的主张那样得到同样的支持空间的可能性更小了。[27]

历史上充斥着对医学的错误认知，这些错误认知直接导致了患者生命的丧失和身心的痛苦——从放血和打孔术，再到认为抑郁症是我们4种体液失衡的结果。幸运的是，从那时起，我们对身心健康的原因和治疗方法的理解——包括我们对幸福的理解——已经取得了很大的进展。

在世界之巅

在过去的几十年里，整个学术界都致力于揭示和研究生活满意度和幸福要素。[28] 联合国、世界银行、经济合作与发展组织（Organization for Economic Co-operation and Development，简称OECD）以及世界各地的一些政府都加入了对幸福感的研究。几年前，英国时任首相戴维·卡梅伦（David Cameron）建议将国民福祉作为衡量英国经济的一个关键指标，与GDP的增长并列。

不幸的是，关于幸福感的研究最近有点沉寂。事实证明，随着时间的推移，生活满意度在国家层面上往往是稳定的，至少在经济更发达的国家是这样。在某些方面，这种相对的稳定性应该是让人放心的：无论在什么情况下，大多数人通常在大多数时间都非常幸福。1978年的一项经典研究表明，自我报告的幸福感在中了彩票后并没有提高（除了最初明显增加的部分），在严重事故后也没有下降。[29] 当生活满意度确实发生变化时，很难明确地将其与任何政府称赞或控制的行为联系起来。

我本来可以写一整本书阐述幸福的含义以及如何衡量幸福，但已经有相当多的好书这么做了。然而，在衡量幸福的过程中，有一个关键的复杂性元素值得注意,那就是丹尼尔·卡尼曼所说的"经验自我"(experiencing self)和"记忆自我"(remembering self)之间的区别。[30]

经验自我生活在当下,而记忆自我则在向自己讲述自己的生活。我们很容易把这两个自我混为一谈,让记忆自我覆盖了经验自我的行为和观点。卡尼曼举了一个例子,他的一个学生听了 20 分钟优美的音乐。然后,就在最后,是一声可怕的尖叫。在她看来,最后一刻"毁了整个体验"。但卡尼曼指出,尖叫声并没有破坏整个体验;它只是改变了人们对这段经历的记忆。对我们来说,故事的结局是最重要的,因此结局会影响我们对故事的记忆,以及对未来决策的指导。

这可能有助于解释当我们让人们估计他们的同胞中有多少人(综合考虑所有因素)幸福时,我们所看到的模式。在我们调查过的每一个国家,人们都认为没有多少人会宣称自己过得幸福,然而现实并非如此。在所有接受调查的 40 个国家中,最不幸福的国家是俄罗斯,但即使在俄罗斯,也有 73% 的人表示,综合考虑所有因素后,他们是非常或相当幸福的。最幸福的国家是瑞典,那里几乎所有人(95%)都很幸福。但瑞典人对他们国家有多少人感到幸福的猜测大约仅相当于这个水平的一半。

在一些国家,感知到的幸福感和报告的幸福感之间的差距很大。韩国人认为他们国家只有 24% 的人会说自己幸福,而事实上,就在几年前,90% 的人都说自己很幸福。这是世界价值观综合调查（WVS）的一部分，该调查自 1981 年以来一直追踪 52 个国家的幸福和生活满意度。在这种情况下，出现这一差距的部分原因可能是政治背景的变化，因为到 2016 年，新闻中充斥着某国总统腐败危机和朝鲜不断升级核试验的报道。即使是估计数据最为接近的国家——加拿大——人们也严重低估了本国公民的幸福程度：人们认为只有 60% 的加拿大人会说自己幸福，而实际的数据为 87%。

在向来自许多国家的人展示了这些结果后，我敢打赌，大多数人都会惊讶于自己国家报告的实际幸福水平如此之高，而不是人们猜测的过低数值。这个情况在我们的错误认知研究中是一个不寻常的例子——观众疑惑的表情和摇头通常是因为他们认为这个猜测错得可笑，但对于幸福感的问题而言，让人们感到困惑的通常是实际结果。

对于报告的幸福感和感知到的幸福感之间的差距，有三种可能的解释。第一种与卡尼曼对记忆自我和经验自我的区分有关。我们的幸福感问题要求人们对他们的生活进行全面评估，而不是评估他们当下的快乐。我们可以看到，这种长期的总体观点会让我们做出这样的反应："是的，从各方面来看，我是很幸福的。"这并不意味着我们总是面带笑容，但更直接、更引人注目的幸福图像的数量也并不足以让人们得出别人很幸福的结论。

第二种解释，更普遍的是，我们在评估他人时过于消极。也就是说，我们患有一种"虚幻的优越感偏见"（illusory superiority

问：在一项调查中，你认为综合考虑所有因素后，每100人中有多少人说他们过得非常幸福或相当幸福？

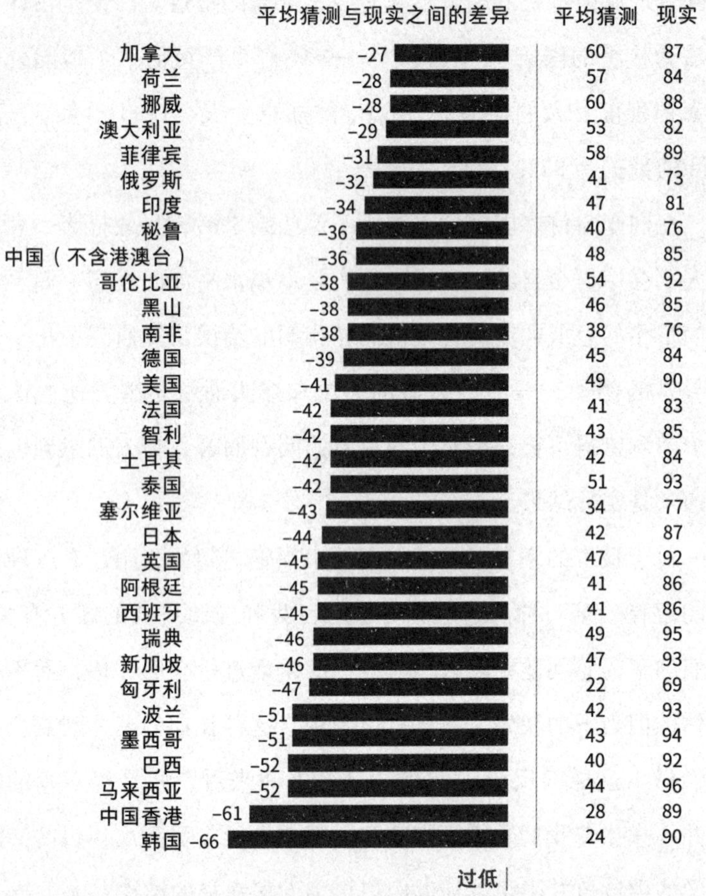

	平均猜测与现实之间的差异	平均猜测	现实
加拿大	−27	60	87
荷兰	−28	57	84
挪威	−28	60	88
澳大利亚	−29	53	82
菲律宾	−31	58	89
俄罗斯	−32	41	73
印度	−34	47	81
秘鲁	−36	40	76
中国（不含港澳台）	−36	48	85
哥伦比亚	−38	54	92
黑山	−38	46	85
南非	−38	38	76
德国	−39	45	84
美国	−41	49	90
法国	−42	41	83
智利	−42	43	85
土耳其	−42	42	84
泰国	−42	51	93
塞尔维亚	−43	34	77
日本	−44	42	87
英国	−45	47	92
阿根廷	−45	41	86
西班牙	−45	41	86
瑞典	−46	49	95
新加坡	−46	47	93
匈牙利	−47	22	69
波兰	−51	42	93
墨西哥	−51	43	94
巴西	−52	40	92
马来西亚	−52	44	96
中国香港	−61	28	89
韩国	−66	24	90

过低

图 1-6 每个国家或地区的民众都认为人们的幸福感比声称的要低得多

bias）：在考虑积极特质时，我们倾向于认为自己比普通人更好。一个又一个的实验表明，我们对人际关系中的幸福感、领导能力、智商和受欢迎程度的自我评价都高于同龄人。4/5 的人认为自己的驾驶能力高于平均水平。[31] 为了了解这种虚幻的优越感偏见有多普遍，我们在一次调查中抽取了具有代表性的大量人群样本，询问其中一半的人在来年作为道路使用者或行人发生交通事故的概率有多大，并询问另一半人其他人作为行人发生交通事故的概率有多大。你可能已经猜到了，结果有很大的不同：第一组 40% 的人选择了概率最低的选项，而第二组只有 24% 的人为其他人选择了这个选项。我们倾向于认为自己比别人更谨慎、更聪明。[32]

有证据表明，这种"高于平均水平的效应"（better-than-average effect）在我们对个人幸福感的看法中发挥了作用，因为在我们的研究中，我们不仅询问了别人的幸福感，还询问了他们自己的幸福感。在每个国家，声称自己幸福的人都比说别人幸福的人多。例如，在韩国，有 48% 的人说自己幸福，这是他们对整体人口幸福估计比例的 2 倍。在巴西，有 67% 的受访者表示自己很幸福，但他们认为自己国家只有 40% 的人会这么回答。

这凸显了我们对错误估计的第三种解释：人们倾向于报告说，他们在益普索的调查中没有在世界价值观综合调查中说的那么幸福。正如我们上面看到的，在韩国，有 90% 的人告诉世界价值观综合调查说他们很幸福，但只有 48% 的人对我们益普索这么说；在巴西，世界价值观综合调查中报告自己幸福的比例为

92%，但当我们询问时，这一比例仅为67%。为什么会出现这种不同？

最有可能正确的解释是，这种差异与询问问题的人有关：益普索通过互联网对人们进行调查，互联网调查是匿名的，而世界价值观综合调查则是由调查员亲自提问。通常，由真人问问题和在网上填写问卷，人们的反应是不同的。

这就给我们带来了另一种相互矛盾的解释，解释了报告的幸福感和感知的幸福感之间的差距：在调查中，人们可能并不总是真实地描述他们的生活。当我们回答关于自己（观点或行为）的问题时，我们不仅试图提供诚实的答案，我们也在描绘自己的形象——不管我们是否完全意识到这一点。我们受到"社会期望偏差"（social desirability bias）的影响，这是一种根深蒂固的需求，我们需要让自己看起来很好，给人一种积极的印象，或者给出我们认为被期待的回应。

这种社会期望偏差在调查研究中得到了充分的认识和研究，通常在人们被问及不正当或尴尬行为的情况下最明显。例如，检视一系列广泛研究可知，可卡因或鸦片类毒品测试呈阳性的人中有30%~70%否认最近使用过这些毒品。[33]即使是争议不那么明显的问题，人们的言行之间也可能存在显著的差距。许多研究发现，当人们被问及他们是否在最近的选举中投票时，大约20%自称投票的人实际上没有投票。[34]然而，正如幸福感调查所暗示的那样，社会期望偏差不仅仅是为了隐藏不良行为。学者们将其描述为"印象管理"（impression management）的一种形式，即向他人展示自己的积极形象。考虑到调查结果，我们会特别谨慎地回答涉及自我形象的问题。

* * *

我们对健康和幸福问题的错误认知和错误判断告诉了我们应该做些什么来改善自己对健康和幸福的理解吗？

可悲的是，它们首先说明这是个大难题，正如事实所证明的那样，尽管有那么多人和组织尽了最大的努力，我们还是越来越胖。一些健康问题的复杂性和不确定性为基于情感和故事的错误摇摆留下了空间。在离我们这么近的事物上，这些明显相互矛盾和复杂的信息令人兴奋地结合在一起，意味着我们会走上捷径：因为相信自己比普通人更好或更幸运而自我蒙蔽，并且有强烈的冲动去遵循不健康的行为规范。

但这忽略了错觉等式的后半部分：我们也被别人告知我们的东西积极地引导了，最明显的是疫苗安全方面，此外也被无数虚假的健康提示和恐怖故事误导。其中一种影响着另一种，影响着我们的情绪，影响着我们对规范和自身的看法。

我们如何打破这种恶性循环？认为我们可以完全控制自己对个人和重要问题的情绪反应是徒劳的，这些问题包括我们的健康和幸福，或者更糟的是，我们孩子的健康。但我们可以控制我们随后的想法和行为，使用一系列工具影响我们的偏见，推动我们做出更健康的选择。

控制误导性的卫生信息更加困难，因为这些信息不只是复杂的、多变的和不确定的，有些甚至是别有用心的。当然，值得记住的是，许多主要的健康趋势都是积极的。我们的寿命比以往任何时候都长，其中许多年我们都是健康、有活力的——这与正确的健康信息传递有很大关系。

第二章 对性的错误想象

我们的大脑天生就有性欲。我们这个物种的生存依赖于它。然而，性是一个饱受误解的雷区——部分原因是它通常情况下不会被人讨论。与我们的健康和幸福的某些方面不同，我们可以从观察中更好地了解社会规范，而性往往发生在大门紧闭之后（而且可供一般人观看的性并不完全准确地代表其规范）。

因为无法获得大量现实生活中的比较信息，我们转向其他"权威"来源：操场或更衣室的聊天、老太太们的故事、可疑的调查以及色情片。尽管性行为是生活的核心，但关于它的可靠信息却很匮乏。在本书的所有主题中，这一章被证明是最难获得可靠的"真实"信息的。当然，在安全套制造商、美容杂志社和药店那里有无穷无尽的调查样本——关于性的事实有助于它们销售产品，即便信息是虚假的——但令人震惊的是，在全世界范围内缺乏高质量、有代表性的调查。当然，这不是一个容易测量的主题，而且在没有24小时监控的情况下，我们需要谨慎对待收集到的任何信息。（相信Alexa、Siri或我们的"智能"冰箱告诉我们关于性生活的真实情况的那一天不会太远了！）可悲的是，这种数据缺乏的情况部分原因无疑是我们对性的态度仍然有些许尴尬。

正是在这样的环境里，错误的观念滋生了。例如，我们中的许多人仍然窃笑着坚持这样的信念：鞋子或手的大小与阴茎大小之间存在联系。可悲的是，这在 2016 年的美国总统竞选中变成了一场实际的讨论，特朗普所谓的小手被与其他身体部位的"短小"联系在一起。但他没有必要为此辩护：许多严肃的学术研究都试图找到阴茎大小与手、脚、耳朵和身体其他部位之间的联系——但找不到任何关联性。[1]

性的重要性在很大程度上是不言而喻的，这导致了人们普遍认可但错误的说法，即性会占用我们的精神能量。例如，"男人每隔 7 秒就会想到性"是一个普遍的说法，但想想看：这需要每小时想到性 500 次，或者在清醒的一天中想到 8000 次。鉴于心理学家认为人们通常无法真正做到"多任务处理"——也就是说，他们可以按顺序在脑海中持有相互冲突的想法，但不能同时进行——如此多的性思考会使其他诸多思考脱轨。虽然很难准确地确定我们很多时候在想什么，准确地计算它更是具有挑战性，但一些学术研究认为是接近每天 20 次左右——这对我来说仍然听起来很累。为了正确看待这个问题，其中一项研究还询问了男性思考吃饭或睡觉的频率，这些频率基本相同。[2]

关于错误认知，还有例子展示了更罕见、更险恶的错误来源。例如，一项对得克萨斯州学校的性教育课程的研究发现，有些课程根本不包含任何事实，取而代之的是支持禁欲的信息，如"触摸他人的生殖器会导致怀孕"和"一半的男性同性恋青少年的艾滋病毒检测呈阳性"。[3]

正如我们将看到的，即使没有这些官方认证的谎言，我们对性也已经足够困惑了。

你的数字是多少？

让我们从最基本的性问题开始：你在一生中会有多少个性伴侣？你的数字是多少？或者说，其他人的数字是多少？请自由地想一想你自己的数字，然后猜一猜 45～54 岁的其他人，男性和女性分别是多少（正如我们将看到的，两者之间有着有趣的差异）。

我们试图让这个问题对人们来说简单一些：我们没有说明我们问的只是异性伴侣，也没有说明我们所说的性伴侣指的是什么意思——也就是说，没有指定使某人有资格被计入数字的性行为。这似乎不是什么大问题，但实际上，性的定义非常复杂。想想比尔·克林顿和莫妮卡·莱温斯基就知道了。众所周知，克林顿大言不惭地否认他与那名女子有"性关系"，尽管他被发现曾接受了该女子的口交。这导致他在 1998 年因做伪证而被弹劾，并使性关系的定义成为一场全国性的辩论。正如大卫·斯皮格豪特在他的一本关于人们性生活背后的数字的优秀著作中所概述的那样，这促使研究人员匆忙发表了一篇基于对印第安纳大学学生的调研而撰写的论文，询问他们认为什么才算是"发生性关系"[4]。结果发现，大多数人同意克林顿的观点：只有 40% 的人

问：你认为你们国家 45~54 岁的男性或女性平均有多少个性伴侣？

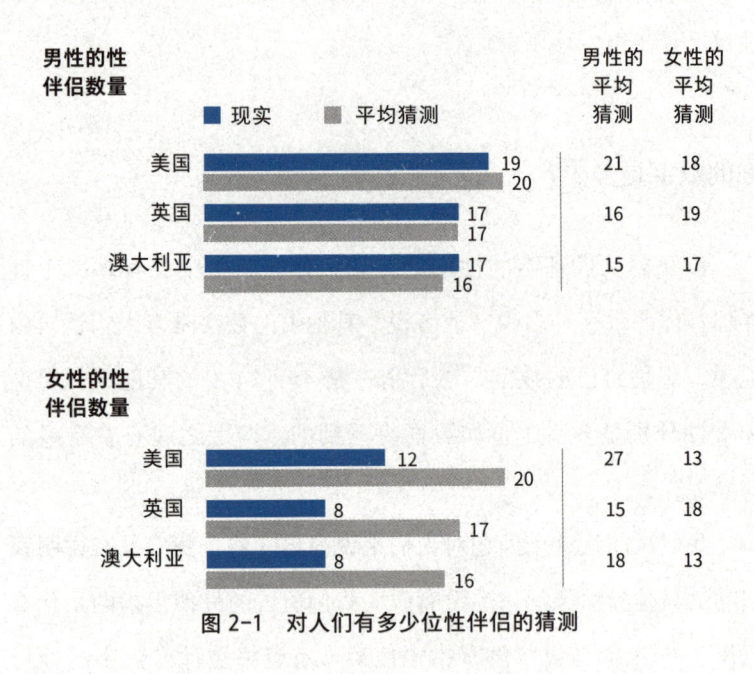

男性的性伴侣数量

■ 现实　　■ 平均猜测

	现实	平均猜测	男性的平均猜测	女性的平均猜测
美国	19	20	21	18
英国	17	17	16	19
澳大利亚	17	16	15	17

女性的性伴侣数量

	现实	平均猜测	男性的平均猜测	女性的平均猜测
美国	12	20	27	13
英国	8	17	15	18
澳大利亚	8	16	18	13

图 2-1　对人们有多少位性伴侣的猜测

认为"口与生殖器的接触"是性行为。虽然这不能代表美国人民的整体情况，但它实际上或多或少地预测了参议院对克林顿的弹劾投票情况：45 名参议员认为他有罪，55 名参议员认为他无罪，他得以险险过关。不过，就我们这边的讨论而言，克林顿是会有麻烦的。我们将遵循大多数严肃的性行为调查中使用的官方定义——性伴侣是指与你有过口交、肛交或阴道性交的任何人。

实际上，很难获得足够有力的衡量这些活动的数据，我们只在三个国家——美国、英国和澳大利亚——有足够有力的信息，但这些国家同样也显示了一些有趣的模式。

首先,在这三个国家中,人们实际上对男性报告的平均性伴侣数量的猜测相当准确。澳大利亚和英国的实际数字是45~54岁的人有17个性伴侣,而美国的实际数字是19个——对平均值的猜测几乎是准确的。然后,我们还将女性和男性的猜测分开,男女都很擅长猜测男性的性伴侣数量。

女性的情况就更有趣了。首先,最突出的模式是"真实"的数据——女性声称的性伴侣数量比男性声称的数量低得多。事实上,数量几乎是男性一半的水平。这是性行为测量的最大难题之一:它在高质量的性调查中一再出现,但这在统计学上是不可能的。鉴于男性和女性都在报告配对情况,而且他们在人口中所占的比例大致相同,这一数字应该大致接近。当然,我们关注的只是某段年龄范围,所以一些差异可以解释为在这个年龄范围外的女性的性伴侣比男性多,而不是在这个年龄范围内。无论如何,这是我们在所有调查中看到的一种模式,并且跨越所有年龄段。

对此有许多假设的解释——从男性召妓到不同性别如何看待这个问题(例如,假如女性不将男性认为的某些性行为考虑在内)。但是,这似乎更可能是因为男性更粗略和更简便的加总(当男性被赋予一个更简单的任务,比如只计算过去一年的性伴侣数量时,报告中性伴侣数量的差异就会消失),加上男性有意识或无意识地提高他们的数字,而女性则倾向于相反的做法。

美国的一项研究证明了后一种效应,该研究在询问学生的性行为之前，先将他们分成三组。一组被单独留下，像往常一样填写调查问卷。另一组被告知他们的答案可能会被监督实验的人看到。而第三组则被连接到一个假的测谎仪上。我想我那些多疑的心理学学生会猜到这个游戏，但更有可能上当受骗，就像这项研究的参与者明显呈现的那样。认为自己的答案可能会被看到的女性群体平均声称自己有2.6个性伴侣，标准的匿名问卷组平均结果为3.4个，而那些连接在无用的发出哔哔声的机器上的女性平均有4.4个性伴侣，这与研究中男性的数量一致。[5]

这还不是我们数据中最有趣的模式。特别吸引人的是我们对女性的猜测与对男性的猜测是相同的。当我们将这一数据与女性实际报告的性伴侣数量进行比较时，我们发现大错特错：澳大利亚的平均猜测是女性有16个性伴侣，而报告的数量是8个；英国的猜测是17个，而实际报告的数量也是8个；美国的猜测是20个，而实际报告的数量是12个。当然，考虑到我们在报告两性性伴侣数字时存在的偏见——肯定有人在说谎，而且很可能两性在以相反的方式说谎——似乎很可能"真正的现实"是我们的猜测比它看上去的更接近实际。最合理的结论似乎是男人把他们的数字提高了一些，女人把她们的数字拉低了一些，而我们在猜测"其他人"时实际上揭示了一些接近真相的东西。

在美国的数据中，还有一个耐人寻味的转折——男性和女性对女性的猜测截然不同。我们在英国和澳大利亚的数据中没有看到同样的模式，但美国男性认为美国女性平均有27个性伴侣

（比他们猜测的美国男性有 21 个性伴侣的数量要多），但美国女性猜测的数字仅为 13 个。

美国男性对美国女性的这种离谱的平均猜测，主要是由于少数美国男性认为美国女性的性伴侣数量惊人地多，而不是美国男性普遍认为美国女性性伴侣数量较多。事实上，在我们的 1000 个样本中，大约有 20 名美国男性猜测的数字是 50 或更高，这使数据出现了巨大的偏差。

所以总体情况是，除了少数美国男性对美国女性有着奇怪的心理想象外，我们实际上非常擅长猜测性伴侣的数量。但是，另一个"你的数字是多少"的问题就不是这样了："平均而言，你认为你们国家 18~29 岁的男性或女性在过去 4 周内有多少次性行为？"

同样，你可以想想你自己的数字（我做了一个非常快速的计算，而且是一个整数，因为在过去 4 周里我一直在坚定地写这本书），以及你认为 18~29 岁的人的数字。遗憾的是，我们这里来自可靠来源的"实际"数据更少——只有美国和英国的数据——但这仍然是一幅有趣的画面，在这种情况下，人们对其他人有多少性行为的印象非常错误。

首先，有必要看一下实际的数字，因为男性和女性报告的性行为频率差异并没有你前面看到的性伴侣数字差异巨大——英国的数字是相同的，虽然美国女性声称在上个月比男性有更多的性行为，但这并不是一个很大的差异。基本上，年轻人平均每周

问：你认为你们国家 18~29 岁的男性或女性在过去 4 周内平均有多少次性行为？

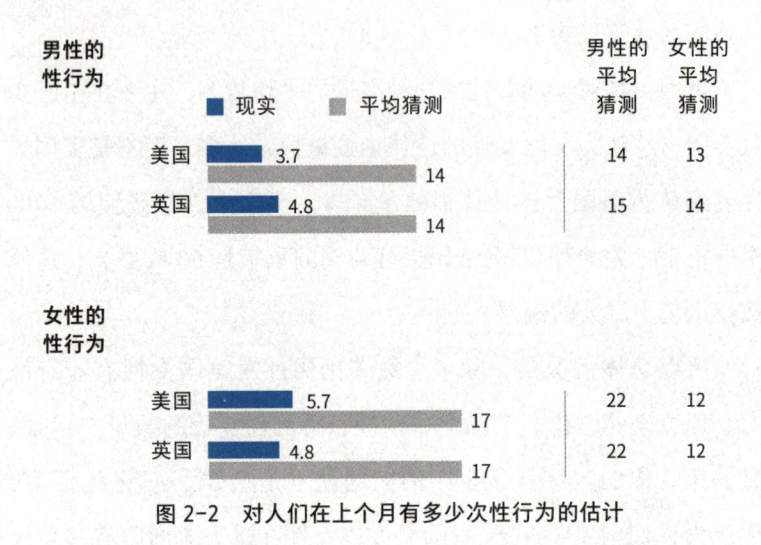

男性的性行为	现实	平均猜测	男性的平均猜测	女性的平均猜测
美国	3.7	14	14	13
英国	4.8	14	15	14

女性的性行为	现实	平均猜测	男性的平均猜测	女性的平均猜测
美国	5.7	17	22	12
英国	4.8	17	22	12

图 2-2　对人们在上个月有多少次性行为的估计

有 1 次或 1.5 次的性行为，考虑到这个年龄段的性伴侣状况和生活方式，这似乎非常可信。

然而，人们的猜测却描绘出一幅完全不同的画面。男性和女性对男性的平均猜测远远超出了实际发生的情况。在美国和英国，猜测的结果是男性在过去 4 周内有 14 次性行为——比实际情况多了 10 次。这意味着这个年龄段的男性每隔一天就发生一次性行为，一年大约 180 次，而现实中更可能的情形是大约 50 次。

但这还不是我们猜测中最显著的错误。同样是男性对女性的看法，这次在美国和英国都出现了有趣的差异。女性对女性的猜测过高，但至少与她们对男性的猜测相当一致——两者都是 12

到14次。但男性认为女性的性行为数量惊人——每月22次！这相当于每个工作日都要发生性行为，每个月某个特殊的日子还要发生两次性行为。

虽然我们没有任何其他国家的可靠"真实"数据，但我们确实在澳大利亚、瑞典和德国提出了"猜一猜"的问题。我们不能确定，但似乎不太可能在不同国家的这个年龄段之间，4周的实际性行为水平有巨大的差异。鉴于美国和英国数字的一致性，我们可以非常有把握地说，实际数字将是每月3~8次。这是一个很大的范围——但每个国家受访者的猜测都远远超过这个范围，他们的猜测都是两位数。瑞典人对他们的年轻人有一个特别奇怪的心理形象：平均猜测是男人每月有27次性行为，女人每月有24次！

鉴于对各国年轻人性生活的这种不可思议的看法，我们对每年有多少（年轻的）女性怀孕的预测如此错误，也就不足为奇了。

你在期待什么？

十几岁的孩子穿着校服晒自己的宝宝，成了引人注目的新闻流量密码。在许多国家，人们很快就能找到这样的例子：在耸人听闻的小报标题或尖锐的脱口秀采访中，少女妈妈的可怕困境被人们剖析："你让我16岁的女儿怀孕了，然后又抛弃了她。"这是一个耸人听闻的脱口秀的字幕片段。然而，我们不能简单地指

问：你认为你所在的国家或地区每年有多大比例的 15~19 岁少女生育？

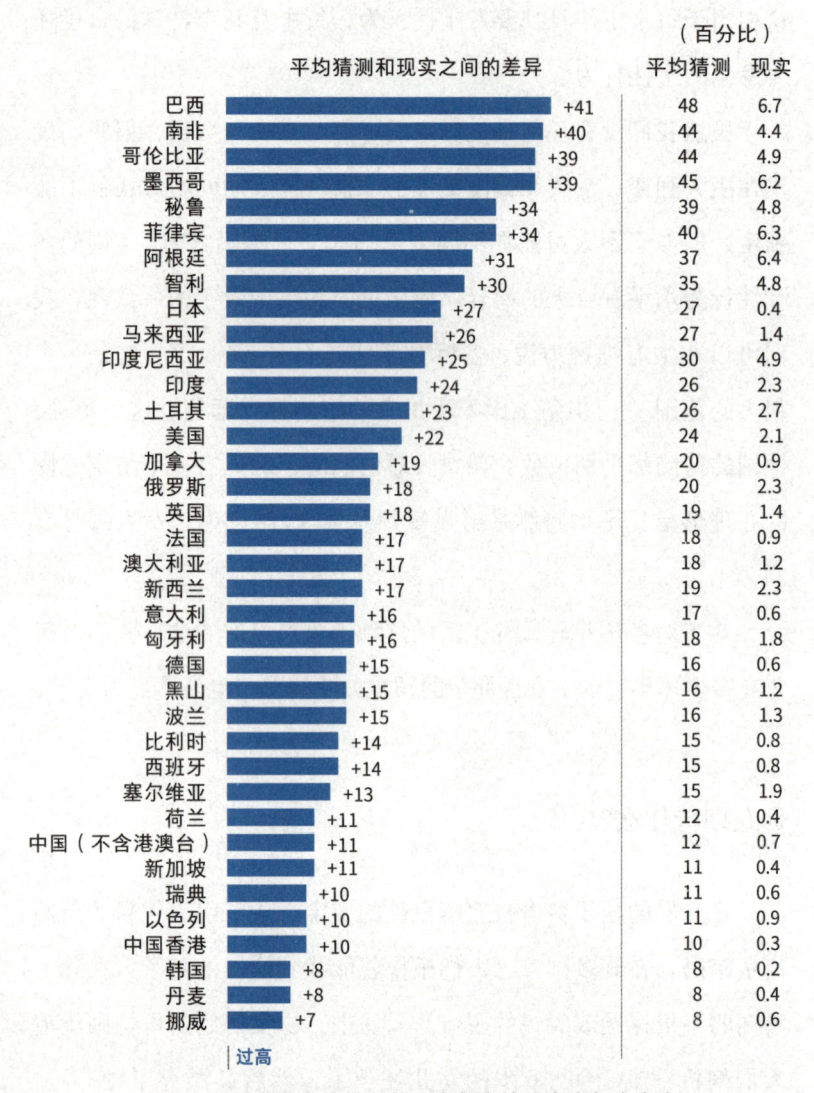

	平均猜测和现实之间的差异	平均猜测	现实
		（百分比）	
巴西	+41	48	6.7
南非	+40	44	4.4
哥伦比亚	+39	44	4.9
墨西哥	+39	45	6.2
秘鲁	+34	39	4.8
菲律宾	+34	40	6.3
阿根廷	+31	37	6.4
智利	+30	35	4.8
日本	+27	27	0.4
马来西亚	+26	27	1.4
印度尼西亚	+25	30	4.9
印度	+24	26	2.3
土耳其	+23	26	2.7
美国	+22	24	2.1
加拿大	+19	20	0.9
俄罗斯	+18	20	2.3
英国	+18	19	1.4
法国	+17	18	0.9
澳大利亚	+17	18	1.2
新西兰	+17	19	2.3
意大利	+16	17	0.6
匈牙利	+16	18	1.8
德国	+15	16	0.6
黑山	+15	16	1.2
波兰	+15	16	1.3
比利时	+14	15	0.8
西班牙	+14	15	0.8
塞尔维亚	+13	15	1.9
荷兰	+11	12	0.4
中国（不含港澳台）	+11	12	0.7
新加坡	+11	11	0.4
瑞典	+10	11	0.6
以色列	+10	11	0.9
中国香港	+10	10	0.3
韩国	+8	8	0.2
丹麦	+8	8	0.4
挪威	+7	8	0.6

过高

图 2-3 所有国家或地区的民众都高估了青少年生育率

责媒体对一个微小的社会现象给予了不适当的关注。记者也是人，他们只是在分享人类有趣的故事——他们知道我们喜欢生动的八卦，所以就给我们提供这些信息。

在《讲故事的动物》(*The Storytelling Animal*) 中，美国学者乔纳森·歌德夏（Jonathan Gottschall）追溯了我们讲故事和创造故事思维的进化根源。我们创造叙事，将原因和结果联系起来，以便学习如何应对未来的事件。我们在脑海中创造虚构的世界，让自己为复杂的问题做好准备。还有什么社会问题比养育一个在生命最初几年完全依赖父母的婴儿更紧迫呢？一个仍然依赖父母的孩子却成为父母的故事，是我们无法释怀的。毕竟，如果我们的人类祖先不是出自本能地关心照顾幼童，特别是照顾有需要的儿童，我们人类就不会有今天的成就。[6]

这让我们想到了我们对青少年怀孕率的看法。在我们研究的 37 个国家和地区中，少女生育的情况很少见，在任何一年中，15～19 岁的女孩中大约只有 2% 的人会生育。然而，平均而言，人们猜测每年有 23% 的少女生孩子。想想看，在一个有 30 个女孩的班级里，这意味着其中 6～7 个女孩会生育。现实情况是，每 2 个班级的女孩中只会有 1 个生育。

当然，在调查涵盖的一些国家中，许多女孩在这个年龄段的上限年龄已经离开学校。但在学校教育普及率较低的国家，猜测的结果更加离谱。巴西是最夸张的。当然，在巴西，青少年生育确实比较普遍，每年约有 7% 的青少年生育，但猜测的结果是

48%。即使在大多数青少年还在上学的西方发达国家，人们的猜测也与事实相去甚远。例如，美国人的猜测是 24%，而实际数字是 2.1%。

没有哪个国家的人特别擅长猜测这个数字，即使在那些几乎没有少女生育问题的国家：例如，德国的实际少女生育率为 0.6%，但平均猜测为 16%。德国人认为每年每 6 个女孩中就有 1 个生育，而不是现实中的每 166 个女孩中只有 1 个生育。

这些平均值掩盖了更极端的答案。例如，在英国，1/10 的人认为英国每年有 40% 或更多的少女生育。

那么，这里到底出现了什么问题？我们是会讲故事的动物，比起枯燥的统计数据，我们更容易记住生动的八卦，而且有些故事比其他故事对人的大脑更有吸引力。当然，我们喜欢一种故事的事实并不意味着媒体可以肆无忌惮地助长我们的错误认知：他们有责任反映现实，特别是在我们的直接经验比较有限，因此媒体的影响更大的情况下。在过去，学者们认为媒体为社会"设定议程"：他们不能告诉我们该怎么想，但他们设定了焦点和基调。[7] 在那个大家都在下午 6 点坐下来看新闻的年代，也许是这样的。现在，人们更多的是以"共鸣"和"依赖"的形式讨论媒体的影响。[8]

如果我们接触到的故事与我们的经验相吻合，那么它们就是一致的——媒体强化了我们的信念。另一方面，如果我们经常通过媒体接触到相同或非常相似的故事，我们就更有可能注意到周围世界中能证实我们所听到和看到的故事的信息。媒体共鸣是一种"确认偏见"（confirmation bias，即我们被那些能强化我们原有信念的信息所吸引）。

在我们更依赖媒体获取信息的地方，也就是说在我们个人经验不足的地方，媒体对这个问题的说法对我们的看法有更大的影响。我们中很少有人认识很多年龄在15~19岁之间的女孩。我们中很少有人知道这个年龄段的女孩生过孩子。当青少年怀孕的实际比例约为2%时，我们怎么会知道这个事实呢？我们对怀孕少女的个人经历鲜有了解，所以我们没有证据反驳媒体对它的过度关注，这使得少女怀孕看起来是经常发生的事情。

此外，媒体关于怀孕少女的道德剧也吸引了我们的注意力。这些都是关于好和坏的行为的古老问题，所有这些都吸引着我们大脑中的情感部分，它们蠕虫般进入我们的记忆，在那里它们很难被驱除。那些超惊悚的情感冲击——比一些干巴巴的统计数据更有说服力——在它们和我们的记忆有所关联之后，会在很长时间里占据我们的大脑。

这些黏性的负面心理形象甚至不一定是关于人类的。《丹佛邮报》的一名记者回顾了他们5年来的所有头条新闻，在该报关于狗咬人事件的20篇报道中，有9篇提到了狗的品种，其中8篇提到的是斗牛犬。尽管在科罗拉多州，斗牛犬只占报告的狗咬人事件的8%（所谓的"好孩子"拉布拉多犬实际上是咬人最多的品种）。美国爱护动物协会（The American Society for the

Prevention of Cruelty to Animals）告诉我们，向媒体报告狗咬人事件的动物管理官员被告知，除非咬人的是斗牛犬，否则人们不会有兴趣。[9] 对于可怜的斗牛犬（它们的"性情评分"实际上显示它们非常友好）来说，有一丝安慰：我们的心理形象确实会随着时间的推移而改变，"犬类恶棍"的头衔很可能会继续转移，就像过去从猎犬到杜宾犬那样。[10]

事实上，我们对世界的认知往往落后于现实。如果查阅关于少女生育的文章，你会发现英国和美国等地的大多数危言耸听的文章都相当老——它们可以追溯到 10 年前或更早——而且你可能会发现不少关于近年来少女生育率如何下降的文章。例如，在美国和英国，这一比例已经下降，而且在某些群体中，这一比例下降得相当快，如图 2-4 所示。[11] 不幸的是，对于世界各地少女的声誉来说，没有什么生动的八卦可以让这些枯燥的趋势线变得有吸引力。我有信心保证，你永远不会看到这样的标题："又一个十几岁的女孩还没有生孩子，只是在忙着自己年纪应该做的事情。"

《行为设计学：让创意更有黏性》（Made to Stick）一书的作者奇普·希思（Chip Heath）和丹·希思（Dan Heath）揭示了为什么有些想法能站住脚，而有些想法却不能。他们指出有黏性的想法有 6 个成功因素：简单、出其不意、具体、可信、有感情和讲故事。[12]

一旦我们坚持自己的观点，我们也会非常抗拒改变。这是几

每 1000 名 15~19 岁女性的生育人数

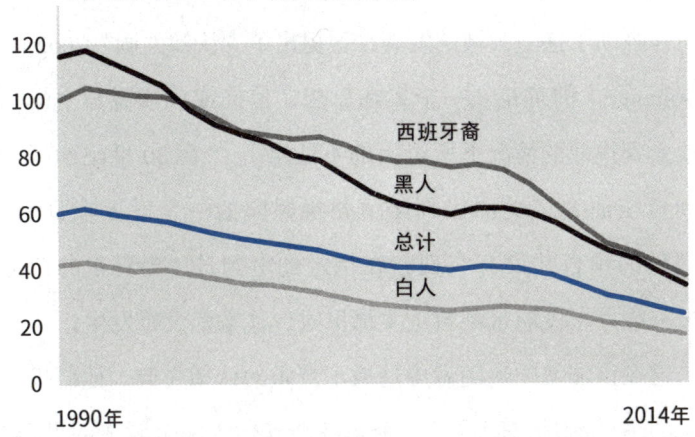

[图表：显示1990年至2014年按族裔划分的生育人数趋势，纵轴从0到120，包含西班牙裔、黑人、总计、白人四条曲线，均呈下降趋势]

图 2-4　按族裔划分的美国每 1000 名 15~19 岁女性的生育人数趋势

个世纪以来公认的人类特征，可能早于 1620 年弗朗西斯·培根巧妙的总结：

> 人类一旦采纳了一种观点，就会吸收所有其他事物来支持和赞同这个观点。尽管对于相反观点，可以发现更多、更重要的例子支持它，但这些例子要么被忽视，要么被轻视，要么因为一些干扰因素而被搁置和拒绝。[13]

当然，培根写这段话时想的不是少女生育（这在他那个时代可能算不上什么话题），而是政治立场，但原理是一样的。

我们对一种思想的强烈依赖，成了 20 世纪中期以来许多研究的主题。社会心理学家利昂·费斯廷格（Leon Festinger）的开创性工作推动了这一领域的发展，他提出了"认知失调"（cognitive dissonance）的理论（一个人在思想、信仰或价值观与主流不一致或受到挑战的情况下所经历的不适感）。[14] 在20世纪50年代，费斯廷格研究了美国伊利诺伊州橡树园的一个世界末日邪教，该邪教的预言并没有实现：在指定的审判日，当真正的信徒本应被一艘外星飞船带到救世主那里时，什么都没有发生。

这在该邪教的追随者中造成了严重的认知失调，他们投入了大量的情感能量，创造了一个与社会其他人完全脱节的世界观。但是，许多邪教信徒并没有因为他们的信仰被揭露为无稽之谈而绝望地崩溃；相反，他们会说对预言的解释存在误解。

首先，他们承认他们没有掌握好时间。其次，他们没有为外星人的到来做好充分的准备。最后，当飞船显然没有出现时，他们解释了预言的失败：外星人已经到来，而且确实有人在街上看到了外星人，但周围有太多的非信徒，外星人没有"感觉到受欢迎"。[15] 当被问及与外星人一起离开地球的计划时，该邪教的信徒委婉地声称，他们从来没有这样的计划（尽管如果有这样的机会他们还是"愿意"）。[16]

一旦我们对一个想法做出了判定——无论是被飞船解救还是少女生育率——我们就会对它产生依赖，根据费斯廷格的分析，放弃它将会给我们带来心理上的痛苦。我们会寻找信息以证实我们的信念是正确的——即使这需要我们的大脑对此备感煎熬。

在费斯廷格关于认知失调的许多精彩案例中，我个人最喜欢的是关于人们对吸烟和肺癌之间联系的信念。这个案例是他在癌症病因研究刚刚开始时写的。这是一个独特的时间窗口，可以测试吸烟者和非吸烟者群体是否接受或拒绝已经发现的关于吸烟与癌症的某种联系的新信息。费斯廷格发现，任何认知失调的人都会被影响：重度吸烟者——那些因新研究结论正确而受伤最大的人——最不愿意相信两者之间的联系已经被证实；只有 7% 的人承认了新研究的有效性。中度吸烟者接受这种联系的比例大约是前者的两倍，占 16%。非吸烟者比吸烟者更愿意相信这种联系已被证实，但作为自人们吸烟以来社会规范发生了多大变化的一个标志，他们中只有 29% 的人相信这种联系已被证实，尽管他们没有什么损失。

在完善费斯廷格的观点方面，我们也取得了很大的进展。学者们现在更多地谈论我们的"定向动机性推理"(directionally motivated reasoning)，它引导我们寻找强化自身偏好的信息（"证实偏差"），反驳与自身偏好相矛盾的信息，并认为支持我们立场的信息比反对我们立场的信息更有说服力。[17] 罗尔夫·多贝里（Rolf Dobelli）把这组效应称为"误解之母和谬误之父"(mother of all misconceptions and father of all fallacies)。[18] 他讲了一个关于查尔斯·达尔文的故事，后者很清楚需要对抗这些偏见，以对抗大脑主动遗忘不确定证据的自然倾向。每当达尔文看到与自己的理论不相符的观察结果时，他就会立即记下来——他认为自己的理论越是正确，就越应该积极寻找矛盾。

然而，我们都不是查尔斯·达尔文，我猜想我们中很少有人执着于为生命的本质建立一个全新的解释。在很大程度上，我们只能通过更多的事实纠正普通人的错误认知，因为错误认知会误判大量的潜在情况，而这些情况更易受情绪影响，更与我们的认同感有关。告诉人们他们是错的，可能只会让他们的信念更加僵化，并寻找任何有助于支持和维持自身世界观的信息。如果我们想改变某人的观点，我们需要在提供事实的同时提供生动的故事。这句话说起来容易，做起来非常难。

但也有一些例子。在英国，由英格兰体育局开展的"女孩也行"宣传活动，与少女生育的八卦相比，对女性行为的描述要积极得多，而且是现实而生动的。其目的是鼓励女性参加体育活动，它面临着一个严峻的挑战：英格兰体育局估计，参加体育运动或锻炼的女性比男性少200万人。这并不是因为缺乏兴趣——根据他们的估计，大约有1300万女性说她们想做更多运动。但该活动并没有使用统计和数据来说明问题的规模或锻炼的好处。它侧重于真实的女性参加体育活动的小片段——不是许多体育用品广告宣传活动中那些经过修饰、不可能实现的图像，而是现实。他们的活动所依据的许多原则与我们在本书中已经看到的主题完美契合。他们的关键原则之一是："眼见为实。使运动成为女性的'常态'，不仅要依靠当地不同年龄、身材和信仰的女性积极参与，还要庆祝这项活动，并鼓励其他人加入进来。"还有一句:"用积极和鼓励来推动行动——通过对后果的恐惧来刺激行动不会有什么效果。不要让女性为她们所拥有或没有的东西而自责。"[19]

这场活动已经坚持了下来。它赢得了多个奖项,但更重要的是,对行为产生影响的证据是明确的:290万年龄在18~60岁之间的女性表示,由于这项运动,她们做了更多的锻炼。目标远未达成,体育方面的性别差距仍然很大,但这项基于现实的精心设计的活动仍然取得了显著的进展,它与我们的思维模式合作,而非对抗。

道德指南针

在开始研究错误认知时,我们只询问人们客观的社会现实——我们可以得到可靠的衡量标准,比如超重或肥胖的人占多大比例,或者每年有多少名少女生孩子。但是,当我们开始考虑我们对社会规范的错误认知对我们自己的信仰和行为的影响时,我们想了解人们认为其他人对社会问题的看法——也就是说,人们对其他人看法的看法。

关于人们对他人认知的看法的研究并不多。这是可以理解的,因为这是一个混乱的主题:例如,我们不能拿天平或卷尺来客观地测量我们的容忍程度。但这并不意味着我们对别人的看法是否错误并不重要。

了解其他人认为的规范，不仅仅是一种学术追求。社会规范决定了生活中各种领域的行为的可接受性，包括法律框架。例如，罗斯测试（Roth test）是一项美国最高法院在 1957 年对罗斯诉美国案做出裁决后认定淫秽（或不淫秽）的法律标准。[20] 它之所以出名，是因为它的定义很模糊——如果"使用当代社会标准的普通人"不赞同某样东西内容的话，那么该东西就被视为淫秽。它仍然是美国法律的一部分，即知道什么是可接受的、什么是不可接受的，对"社区"（即其他人）来说，这决定了一件事是否合法。

然而，如果我们认为每个人都以同一种方式思考——无论我们是否正确——我们对主流思想体系的看法很可能会影响我们自己的思考。这与一个叫作"多数无知"（pluralistic ignorance）的概念有关，即对别人的想法（或行为）的错误看法会影响到我们自己的想法和行为（甚至我们会大错特错！）。在某些情况下，我们的个人观点实际上可能比我们意识到的更普遍——但我们没有办法知道这一点，因为我们周围的人也都在自我调整，以适应他们认为的主流态度。

多数无知的力量可以在许多日常互动中看到。假设你刚刚听完你那风度翩翩的心理学教授的一场非常难理解的讲座，或者——如果你的大学时代已经成为遥远的记忆——听完一场关于你公司财务业绩的乏味的技术报告。你集中注意聆听，但你不知道许多术语是什么意思，也不知道重点是什么。演讲者问是否有人有问题。你沉默了。你知道你完全迷失了方向,但你并没有说什么。

悲剧的是,其他人都和你在同一条船上,只是你没有意识到这一点。你以为其他人已经毫不费劲地跟上了演讲的进度,你是唯一一个感到困惑的人。因此,每个人都这样走了出来,大家都听不太明白,只是对自己和自己的生活感到有点郁闷。

这种错误认知会对我们产生真正的影响。经典的证明来自美国新泽西州普林斯顿大学的一系列关于饮酒文化的实验。学生经常在校园聚会上喝酒,而且这种行为已被广泛接受(尽管法定饮酒年龄是21岁,因此大多数学生还没有达到法律规定的饮酒年龄)。普林斯顿大学的校长希望向学生发出一个信号,并禁止在聚会中使用桶装啤酒——不是禁止酒精饮料(那就太过分了),只是桶装啤酒。他认为,"桶装啤酒已经成为免费和容易获得酒精的象征"。[21] 这项新规定为研究人员提供了一个很好的自然实验样本,他们采访了学生,询问他们自己和其他学生对禁令和饮酒的看法。无论他们问谁或怎么问,学生都认为其他人比自己更喜欢学校的饮酒文化。因此,每个周末聚会时,每个人都喝醉了,因为他们认为其他人都想喝醉。学生们要么遵从他们错误理解的社会规范,尽管他们自己的喜好更接近事实上的大多数人,要么感到他们与同龄人疏远。

当我们问人们他们国家对同性恋的可接受度时,多数无知似乎起了作用。明确地说,我们不是让人们估计同性恋在他们国家的流行程度，并将其与认定为同性恋的人的实际比例进行比较；相反，我们是问他们在调查中说同性恋在道德上是不可接受的人的比例是多少，然后将其与皮尤研究中心进行的代表性调查中实际说他们认为同性恋是不可接受的人的数据进行比较。

你在对你们国家有了自己的猜测之后，会用一分钟时间惊叹皮尤研究报告中各个国家或地区答复的巨大差异。在丹麦和挪威只有5%的人说同性恋是不可接受的，但在印度尼西亚有93%的人这么认为，在马来西亚有88%的人这么认为。在这两个极端之间，你会发现在美国，有大约2/5的人说他们认为同性恋是不可接受的，而英国则像往常一样，采取了相当"大西洋中部"的立场，处于美国和欧洲大多数国家之间，17%的人说同性恋是不可接受的。

当我们问人们，他们的同胞认为同性恋是可以接受的还是不可接受的时，平均猜测几乎都是错误的。在荷兰的回答中可以看到一个惊人的对比，只有5%的人说同性恋在道德上是不可接受的，但人们认为这个数字会是36%。在整个西欧和拉丁美洲也发现了同样的趋势，尽管没有这么极端。在我们调查的全球地区中，只有一个地区——亚洲——人们对同性恋的接受程度低于他们认为自己同胞会接受的程度。

占主导地位的模式是人们高估了其他人的偏见——他们认为自己私下持有的观点比实际情况要罕见得多，因为长期以来，社会规范一直认为同性恋在道德上是不可接受的。他们想当然地

问：当在调查中被问及时，你认为有多大比例的人说他们个人认为同性恋在道德上是不可接受的？

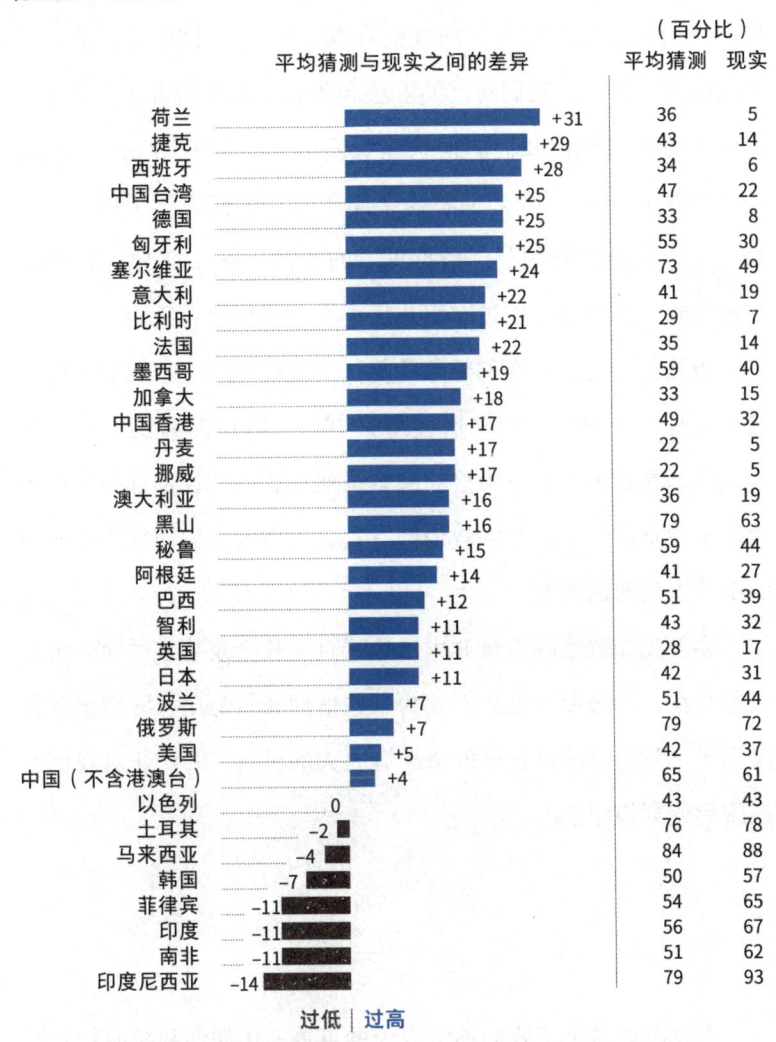

国家/地区	差异	平均猜测	现实
荷兰	+31	36	5
捷克	+29	43	14
西班牙	+28	34	6
中国台湾	+25	47	22
德国	+25	33	8
匈牙利	+25	55	30
塞尔维亚	+24	73	49
意大利	+22	41	19
比利时	+21	29	7
法国	+22	35	14
墨西哥	+19	59	40
加拿大	+18	33	15
中国香港	+17	49	32
丹麦	+17	22	5
挪威	+17	22	5
澳大利亚	+16	36	19
黑山	+16	79	63
秘鲁	+15	59	44
阿根廷	+14	41	27
巴西	+12	51	39
智利	+11	43	32
英国	+11	28	17
日本	+11	42	31
波兰	+7	51	44
俄罗斯	+7	79	72
美国	+5	42	37
中国（不含港澳台）	+4	65	61
以色列	0	43	43
土耳其	−2	76	78
马来西亚	−4	84	88
韩国	−7	50	57
菲律宾	−11	54	65
印度	−11	56	67
南非	−11	51	62
印度尼西亚	−14	79	93

过低 | 过高

图 2-5 人们常常错误地判断他们的同胞对同性恋的接受程度

第二章 对性的错误想象

认为，很多人还没有从这个规范中走出来。

就像上一章中提到的幸福感一样，这在一定程度上可能是我们认为自己比一般人好的倾向在起作用——包括比其他人更宽以待人。然而，我们自己的看法和我们对别人的看法之间的差距似乎更有可能由我们如何构建我们的"比较集"（comparison set）来决定——当我们回答这个问题时，我们想到了谁。像往常一样，我们想到的是"最可见"的东西——关于民族性格的刻板印象，这些观念在过时很久后还会一直伴随着我们。

当然，在关注真实和想象的看法之间的差异时，我们不应该忽视这样一个事实，即在这些国家中，平均有37%的人仍然认为同性恋在道德上是不可接受的。虽然这么高的比例部分是由少数国家"贡献"的，与宗教信仰有关，但在大多数国家仍有显眼的少数人反对同性恋。

多数无知的隐藏力量放大了这一点。社会规范在过期后仍会长期存在，部分原因是我们认为某些信仰和行为比实际情况要普遍得多。我们应该对自己的信念有更大的勇气，并防止对我们的同胞形成刻板印象。

* * *

本章重点讨论了我们不常谈论的事情，比如性和我们对同性恋的看法，以及我们没有多少直接经验的事情，比如少女生育。

这些都是产生错误认知的理想条件，我们会把问题往最坏的情况想，并夸大其词。但事情并不像我们想象的那样糟糕：其他人的性生活并不比我们多得多，我们国家的少女并没有挤满产科病房，人们大多不像我们想象的那样狭隘。即使是斗牛犬也比我们想象的要好。我们不需要如此悲观，不仅因为这不是对现实的公平反映，还因为更积极的观点往往在促成变革方面更有力量。虽然确认偏见是有影响的，而且我们对负面故事和过时的刻板印象的易感性是真实存在的，但它们并不是普遍的或无法克服的，我们之后将会提及这一点。

第三章　关于金钱

我们的财务状况有很多特点，这些特点使我们容易受到错误认知和错误决策的影响：它们很复杂；它们涉及当前和未来之间的权衡；它们通常需要计算风险，而我们在这方面十分不擅长；人们的决策可能是情绪化的，因为它们与重大的生活抉择有关；而且因为它们经常涉及像选择养老金计划这样的不是每天都要做的事项，学习的机会也很少。我们可能会陷入很多偏见和启发式陷阱。

然而，尽管存在这些问题，我们仍然有一种绝对的自信：我们认为自己的财务状况很好。在英国的一项研究中，64%的人在对财务决策的理解方面给自己打了5~7分（满分7分）。[1]

我们似乎确实很擅长一些简单的事情——例如，理解折扣。在一项研究中人们看到，在两家商店购买同一台标价为500英镑的电视机时，他们有两种选择：一家商店降价10%，另一家商店降价100英镑。你会选哪个？必须承认，这很简单——91%的人正确选择了100英镑的折扣（尽管9%的人没有这样选择，这再次表明我们中大约有10%的人不理解百分比）。

即使对于一些更为复杂的计算，我们仍然可以做得很好：拿同样标价的电视机问同样的一群顾客——但这次给了他们15%或80英镑的折扣。有更多的人陷入纠结，但仍然有85%的人（正确地）选择了降价 80 英镑。[2]

与我们在本书中探讨的其他主题相比，在个人理财方面做出好决定往往需要对事实的理解——我们无法凭直觉知道我们需要多少养老金——但这并不是说在我们的理财决定中没有情绪或偏见；事实恰恰相反。

事实上，金融服务业是最早接受行为经济学的行业之一，而理查德·塞勒（Richard Thaler）和凯斯·桑斯坦的《助推：如何做出有关健康、财富与幸福的最佳决策》(*Nudge*) 等畅销书中描述的核心干预就是关于如何帮助我们增加储蓄的。[3]

如果人们能更好地理解自己的偏见和启发式——并利用它们——就有极大的可能做出更好的财务决策。

我们已经看到，我们中的大多数人都可以放心地买一台电视，但在生活中一些重大的财务决策上，我们往往完全没有思路。下面的一些数据仅来自美国和英国——确切的金融环境和监管方面的差异使得在国家之间很难进行比较。但可以肯定的是，不只是"愚蠢"的美国人和英国人会犯这些错误，你们国家的同胞也是一样。

爸爸妈妈的银行

决定要孩子是你一生中最昂贵的选择之一，但我们几乎没有人会通过用电子表格来做这个选择。这首先是一种情感计算，而不是由成本驱动的（鉴于许多国家的生育率都在下降，我们没有把它算作一件好事）。但如果我们强迫自己多做一点思考，不是去塑造我们的决定，而是为后果做好准备，那情况将会很好。

如果你被问及在英国和美国抚养一个孩子从出生到成年需要多少钱，你会猜测多少？如果你和公众回答的一样，那就大错特错了。英国的实际平均花费为22.9万英镑，美国为23.5万美元。在我们看这些猜测之前，英国的读者会立刻对实际数字感到恼火，因为它让人想起了节目《英伦诚信报告》(*Rip-off Britain*)，而且英国人在买同样的东西时似乎总是比美国人花的钱多：你不仅可以在美国花更少的钱买苹果手机，而且似乎你在计算带孩子的成本时也会遭遇同样的情形。

其中肯定有一定的道理，但也有其他的解释——尤其是这些数据是基于对成年的不同定义而得出的。美国农业部（Department of Agriculture）计算的数据只到17岁（我不知道这是为什么），而英国版本（由一家保险公司计算得出）则计算到21岁（我们在调查中详细说明了这一点）。

无论如何，我们感兴趣的是这些猜测与现实之间的比较——两国人对此的猜测都太低了。在英国，人们的平均猜测是10万英镑，而在美国是15万美元。因此，在英国，这个数字不及实际成本的一半，而美国的数字仅略好一些，约为实际成本的60%。许多人的支出确实非常低：大约1/4的美国人和1/3的英国人认为，抚养一个孩子的成本不到5万美元或5万英镑，实际上这仅够支付孩子平均 4 年的生活开销。

难怪那么多父母——包括我自己在内——对自己的贫穷感到惊讶,挠着头想每个月的钱都花到哪里去了。

主要的问题是我们没有考虑到养育孩子的全部成本。有两家研究机构列出了项目,其中涵盖了一些显而易见的项目,比如儿童保育、食品和教育(然而,请注意,这些数字不包括私立教育,只包括与公立教育相关的费用),当然也包括家具。我知道我需要给我的两个女儿买儿童床。但我们已经有了双层床。她们无法忍受睡在同一个房间时,就不得不拥有属于自己的单人床(小的那个"像爸爸一样打呼噜")。她们长大后,毫无疑问会有双人床,原因我现在真的不想考虑。这些家具和其他一些必要的家具已经花费了 3400 英镑。

然后还有度假费用。每一位家长都知道,当你在飞机上尴尬地缩进自己的座位里面,却不得不为一个不愿坐在座位上的人掏钱时,这是多么不公平。但这加起来平均是 1.6 万英镑。[4] 在美国,该报告强调了交通成本。接送孩子的费用为 3.5 万美元。还有"杂项开支"——从牙刷和理发,到科技和杂志——额外要花 1.7 万美元。

当然,这是一个非常困难和陌生的计算——它很难在你的脑内完成。正如卡尼曼所描述的那样,把孩子抚养到 17 岁或 21 岁的总成本加起来是一项非常困难的"第二系统"(更为缓慢、更具分析性的决策系统)挑战。人们很少有时间或动机认真对待它。

然而，没有迹象表明我们在现实生活中对此给予更多关注，我们甚至没有从经验中吸取教训。我们之前单独在英国进行的一项研究发现，父母实际上比一般受访者表现得更差，猜测结果比后者还要少 20%。[5]

我们的一个常见财务偏见是我们倾向于关注短期而忽视我们的决定对未来的影响。改变这一点是实现更好的财务决策的一个关键。从长远的角度考虑生孩子这件事变得越来越重要，因为现在养育孩子的时间很可能远远超出了他们"孩子"的成长年龄，更多的新一代年轻人在成年后都要依赖父母。

困在巢里

这一代年轻人面临的独立斗争是我非常关心的问题，因为我的另一个主要研究领域是代际差异，尤其是被人（轻蔑地）贴上"千禧一代"标签的这一代年轻人，是如何在西方世界的各个地区陷入财务困境的。

一项又一项研究表明，年轻人在工资水平停滞不前的同时，债务水平也增加了，财富转移到了老一辈人手中，年轻人的就业变得更加不稳定。当然，他们受益于技术和通信可能性的爆炸式增长，但色拉布（Snapchat）和网飞（Netflix）无法弥补他们面临的真实经济困境及其对他们生活诸多方面产生的连锁效应。

离家独立生活也是困难之一。你认为你们国家25~34岁的年轻人和父母住在一起的比例是多少?你的答案可能在很大程度上取决于你住在哪里——因为实际答案显示了世界各地各种各样的生活安排。在挪威和瑞典,只有4%的年轻人还住在家里,而在意大利,这一比例是49%。这反映出在不同文化和经济状况的影响下,社会规范存在巨大差异。然而,接受询问的每个国家的受访者都高估了仍住在家里的年轻人的数量,有些国家的受访者更是严重高估了这一比例。英国是与现实差距最大的国家,猜测比例有43%(!),而实际情况是14%。

为什么我们的猜测总是错误的呢?这可能至少在一定程度上是引言中提到的"情感性数盲"的一个例子。这种效应背后的机

问:每100个25~34岁的年轻人中,你认为有多少人和父母住在一起?

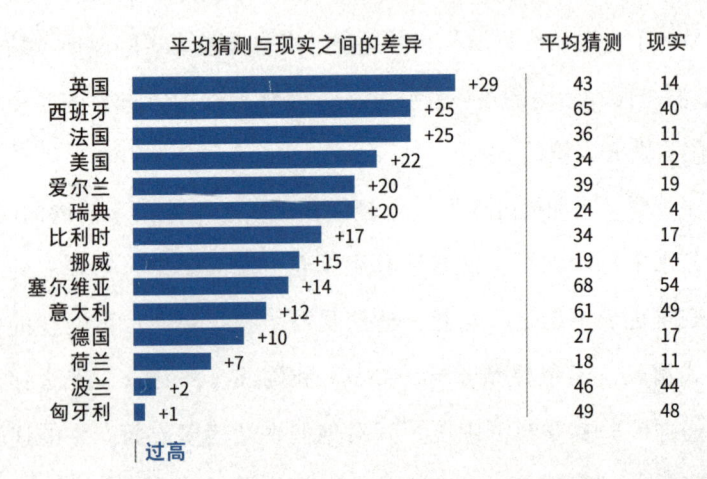

国家	平均猜测与现实之间的差异	平均猜测	现实
英国	+29	43	14
西班牙	+25	65	40
法国	+25	36	11
美国	+22	34	12
爱尔兰	+20	39	19
瑞典	+20	24	4
比利时	+17	34	17
挪威	+15	19	4
塞尔维亚	+14	68	54
意大利	+12	61	49
德国	+10	27	17
荷兰	+7	18	11
波兰	+2	46	44
匈牙利	+1	49	48

过高

图3-1 所有国家的民众都高估了25~34岁与父母同住的年轻人的比例

制是，我们在回答这样的问题时会有两个不同的目标，无论我们是否完全意识到这一点。首先，我们有一个精确的目标——我们想要得到正确的答案。但我们也有一个方向性的目标，无论有意识还是无意识，我们都在暗示我们所担心的事情。因此，因果关系是双向的：我们一方面高估了自己担心的事情，另一方面也担心自己会高估。有一些证据表明，这两种影响都存在：研究人员发现，如果我们在接近目标时得到激励，我们在某些问题上就会有更准确的答案。我们会通过重新平衡自己的计算来给出精确的答案。[6]

我们知道，年轻人无法离开家庭独立生活是一个严重的问题——我们已经看到了失控的房价、沉重的教育和债务负担，以及"零工经济"（以不稳定的、临时或自由职业而不是永久工作为主的劳动力市场）如何不成比例地影响着年轻人。甚至我的开场白也可能让你给出过高的预期数值。我概述的所有要点在一些国家绝对是正确的，但它们导致了情绪化的反应和对问题规模的高估——我们的关注导致了夸大反应。

我们的黄金年代？

好消息！如果你已经付完了抚养孩子的巨额费用，并最终将他们送出了家门（可能在他们快30岁的时候），你可以安慰自己，你退休后的寿命会比你预期的更长。例如，在英国，受访者猜测65岁的人平均还能再活19年,而实际上他们还能再活23年。这突出了估算预期寿命的一个非常有趣的点,我们如何获取容易获得但错误的信息以及这些信息如何扰乱我们的计算结果。

大多数人会想到,英国的平均预期寿命为80岁。事实上,我们在不同国家的不同调查中问过这个问题,大多数人都很擅长猜测出生时的预期寿命。在英国,2014年出生的孩子实际预期寿命是80岁,而猜测是83岁。不仅仅是英国,大多数国家都是如此,例如,澳大利亚人的预期寿命与他们平均预测的82岁完全一致。只有韩国人严重高估了自己的预期寿命,认为他们的平均寿命是89岁,事实情况是只有80岁;只有匈牙利人过于悲观,认为他们的平均寿命只有68岁,而事实情况是75岁。

当然,我们这里谈论的是出生时估计的预期寿命。平均而言,我们当中那些能活到65岁的幸运儿会活得更长,因为之前没有人死亡:由于有人过早死亡,"出生时"的预期寿命数字会被拉低。这意味着,如果你在英国活到了退休年龄,平均而言,你可以期望活到88岁生日那天。

现在来看一下坏消息。这意味着我们需要更多的退休储蓄或收入来维持我们的生活——假设我们不能搬去和孩子住在一起或者要求收回我们为抚养每个孩子付出的22.9万英镑。

当被问及英国人在65岁停止工作后,每年需要有多少个人养老金储蓄才能获得大约 2.5 万英镑的年收入时，受访者的回答大错特错。调查中给出的各种回答令人担忧，表明人们确实一无所知——尤其是 3/10 的人认为是 5 万英镑或者更少！

你的猜测是多少呢（记得要包括国家养老金，它大约占个人养老金总额的 6000～7000 英镑）？我希望你的猜测比英国全国平均猜测数值（12.4 万英镑）要准确。事实上，在 2015 年我们询问受访者时，他们实际上需要大约 31.5 万英镑，这是根据养老金计算器最慷慨的假设，得出的最低的养老金要求。当然，由于养老金投资收益率下降和预期寿命延长，这个数字在不断变化：如果我现在尝试相同的计算，结果已经接近 35 万英镑了。等你读到这本书的时候，它可能又涨了。

只有那些已经退休的人给出的猜测才更接近现实，他们认为需要 25 万英镑。即使是 50～64 岁的人群，他们本应非常认真地考虑他们的退休计划，也认为他们只需要 15 万英镑，并不比猜测的总体平均水平准确很多。

这是许多国家的一大忧患。世界各地政府都把 50 多岁的"退休前"群体视为至关重要的群体——这个时候你至少可以做出一些改变，大幅改善你的生活并减轻国家的负担。但是，尽管尽了一切努力让人们参与进来，人们还是没有领会这一点。这确实是一颗全球性的"定时炸弹"：到 2050 年，仅全球的 8 个国家——美国、英国、日本、荷兰、加拿大、澳大利亚、印度和中国——的养老金储蓄缺口加起来就将达到 400 万亿美元左右，相当于当前全球经济规模的 5 倍。[7]

为何会有如此严重的低估？我们会有偏见和错误的捷径，但坦率地说，养老金的成本是很难当场计算出来的——我们需要去研究一下。

这并不是说行为科学中没有任何经验教训可以帮助改善我们的财务状况，事实远非如此。正如前面提到的，个人理财是其中一个做得最好的领域。对于新近获得诺贝尔经济学奖的理查德·塞勒以及他的一些长期合作者，包括凯斯·桑斯坦和什洛莫·贝纳茨（Shlomo Benartzi）来说，这是一个特别需要关注的问题。通过"为明天存更多钱"（Save More Tomorrow）计划，他们对美国的退休储蓄产生了巨大影响。

多年来，塞勒和他的同事们研究了我们在储蓄方面的态度和行为中的偏见，得出的结论是，有两种主要的行为驱动因素：意志力的缺乏和惰性。[8] 首先，意志力的缺乏造成了所谓的"现状偏差"（present bias），即我们倾向于获取即时的满足而不是长期的回报。他们描述了 20 世纪 90 年代末的一项研究，在这项研究中，人们被要求在两种零食中做出选择：一种是健康的水果，另一种是不那么健康的巧克力。当人们被要求选择接下来一周想要的零食时，3/4 的人选择了水果。但当人们被问及现在想要哪种零食时，同样比例的人选择了巧克力。同样的短期思维驱使我们做出许多糟糕的财务决策。

除此之外，还有我们的惯性倾向，即固守现状，尤其是在改变看起来困难或复杂的时候。他们概述了一个来自英国的例子，研究人员观察了 25 个养老金计划的参保率，这些计划不需要员工支付任何东西——基本上是免费的。即使是在这些慷慨的条件（大多已经不存在了）下，也只有一半的员工接受了它！

"为明天存更多钱"计划正面解决了这两个障碍，首先，人们默认加入工作场所储蓄计划，以克服惰性。人们显然可以完全自由地选择退出，但鉴于人类的本性，90% 的人会留在这个计划中，他们的惯性现在为他们服务而不是与他们作对。然后阶梯式地提高缴费，不是立即提高，而是随着时间的推移逐步增加（明天比今天多缴一点）。这极大地改变了人们不情愿的态度：当被问及是否会将现在的缴费提高 5% 时，大多数人说不会（我们现在就需要巧克力）。但当被问及他们是否会承诺在未来存更多的钱时，78% 的人表示会。

"为明天存更多钱"计划的影响是巨大的。在实施该计划之前，样本劳动者的平均储蓄率为 3.5%，但 4 年后，这一数字增长了近 3 倍，达到 13.6%。如今，美国政府的指导方针将这一方法纳入其中，帮助了约 1500 万美国人，类似的方法也在世界各地推广开来。

这些计划非常强大，为人们提供了切实的帮助，但大量的错误认知表明，我们也应该提高对事实的认识。仍有许多人无法自动加入该计划，例如自由职业者或合同工。一般来说，不同的方法适用于不同的人，对一些人来说，更有意识的做法会有所帮助。

尤其是在这种情况下，人们似乎有一种错误的安全感，认为没有足够的钱退休是常态。我们已经看到，我们对社会规范的认同是强大的，因为我们会模仿大多数人或随波逐流。在养老金储蓄方面也有这样的迹象。

在另一项横跨 6 个国家的研究中，我们询问人们是否觉得自己的退休储蓄不足，以及他们认为还有多少人觉得自己储蓄不足。[9] 他们对他人的猜测是 65%，非常接近真实情况，实际有 60% 的人承认自己储蓄不足。所以我们认为大多数人都储蓄不足，我们自己也很乐意承认这一点。研究中每个国家的情况都差不多：在美国、英国、法国、德国、加拿大和澳大利亚，人们说大约 2/3 的人储蓄不足，这与他们自己的情况类似。

现在，储蓄不足的含义是主观的，所以很难确认人们正确与否。这取决于我们是每周玩一次宾果游戏，还是每年去马尔代夫潜水一个月。但英国政府确实有一个基于养老收入替代率的定义——也就是说，当我们退休时，每个人能通过养老金计划替代多少最终收入。这很复杂，而且取决于你退休时挣多少钱，原则是你需要有相当一部分收入作为养老金，但如果你上一份工作的薪水特别高，这部分比例可能会更低。

根据英国的衡量标准，43% 的人退休储蓄不足。这是一个巨大的社会问题，但并不是常态。即使是在美国，不同的估计表明，这个数字略高于 50%，仍然远低于美国人的猜测。当然，政府或研究人员认为可以接受的储蓄和我们认为可以接受的储蓄可能是非常不同的（例如，英国的工作与养老金部门不会考虑马尔代夫）。这里有两点值得牢记。

首先，我们认为储蓄不足是"正常的"——我们认为有 2/3 的人是这种情况。这是一种风险——正如我们已经看到的，我们有很强的从众倾向。

其次，我们把自己置于非常接近标准的位置——在养老金方面没有"羞耻差距"（shame gap），也就是说这并不是一个我们只把它强加给别人而否认它适用于我们自己的问题。我们不会不愿意承认自己没有为晚年做好充分的准备。这与我们看到的糖分摄取或其他不光彩的行为（如逃税）截然不同。在养老储蓄这样的问题上，这种心态是很危险的，我们很多人都需要原始的觉醒。

由于这种对大众常态的误解，我认为，除了利用我们无意识的偏见，了解一些事实可能会有所帮助。我们的目标是找到一种简短、容易记住的方式来让人们意识到这一点——说储蓄不足相当于说"一天吃五份"。个人养老金需求情况的复杂性让这变得更加困难，但这是一个相当重要的问题，我们可以做得更多。我们已经看到，知道我们应该做什么和实际做什么之间有很大的差距（如果我平均每天吃三份水果或蔬菜，我就很幸运了），但很明显，如果至少有一些人更了解这个问题，我们就有更好的机会解决它。

这并不是说我们完全没有能力记住任何金融信息。我们一直在关注人们犯错的地方，但有一项金融统计数据可以说明各国人都能做出正确的判断，该数据已经进入了我们的意识，那就是房价。平均而言，世界各地的人对房产价值的估计都非常准确，因为这与他们的财富和身价息息相关，而且许多国家的媒体经常对此进行讨论。如果人们同样意识到他们拥有什么和他们需要为退休储蓄什么，这将是一件多么伟大的事情，因为这将成为他们同样重要的资产。

如果你读了这本书后想做些什么，假如只能做一件事，那就是克服你的惰性，查一下养老金计算器，看看你的钱到底有多少！

不平等措施

当然，这假设了你和我一样，需要担心养老金的问题。但你可能是世界上的超级富豪之一，在这种情况下，你会有其他人照料你——而且你可能不需要太担心，因为你只会越来越富有。

截至2017年，世界上最富有的1%的人拥有的财富超过了其他人口的总和。这是我们第一次看到这样的情况，至少是自工业革命和有了可靠的财富衡量标准以来。它延续了最近全球财富惊人集中的趋势。[10]

在财富金字塔的另一端，净资产不到1万美元的人口占全球人口的73%，但只拥有全球财富的2.4%。其中9%的全球人口实际上是"净债务人"（他们欠的比自己拥有的多）。难怪收入和财富不平等近年来成为关注的焦点,并有一系列书籍研究此类问题,从《公平之怒》(*The Spirit Level*)到《21世纪资本论》,甚至在精英大本营达沃斯被人讨论。

正在阅读这本书的人中,有些人可能足够幸运,属于全球最富有的1%,他们的净资产最低约为74.4万美元。这种可能性很大程度上取决于你来自哪里。例如,全球最富有的1%人口中,有7%生活在英国,5%生活在德国——但与居住在美国的37%相比,这简直是小巫见大巫。你可以稍微了解一下,俄罗斯的财富高度集中(我们马上就会看到),尽管俄罗斯的经济规模很大,但世界上最富有的人中只有0.2%居住在那里。

你可能会对最富有的1%的门槛感到困惑。当然,75万美元确实很多,但它并不一定会让你觉得自己是全球精英,拥有私人飞机和黄金电梯,是"99%的人"会讨厌的人。当然,这是因为,在全球范围内有非常多的人生活在有很少或根本没有财富的状况下。

你可能在自己的国家看到过跻身前1%所需要拥有的财产数量——如果是在更发达的国家,这个数字会高得多。在美国是超过700万美元[11];在瑞士是超过500万美元[12];在英国大约是400万美元[13]。在整个欧洲,它是150万美元。[14](我猜你们很多人已经从这1%中掉出来了!)

在我们的研究中,我们询问了人们各自所在的国家最富有的1%的人的财富情况。正如我们看到的,尽管全球财富的分配不平等,每个国家最富有的1%的人所拥有的财富占国家总财富的比例（大多数）远低于50%。这给了你一个线索——在你看以下数据之前，你认为你们国家最富有的1%的人拥有的家庭财富占总财富的比例是多少？实际值和猜测值如图3-2所示。总体情况是，大多数国家的人都错了。

英国和法国在这方面的猜测表现最差。两国最富有的1%的人口拥有的实际财富比例相同，均为23%。但英国人认为最富有的1%的人口拥有59%的财富，而法国人认为这一比例为56%。

一些国家的人确实低估了这种集中度，俄罗斯人最可能低估这种集中度。他们的平均猜测是53%，这实际上与英国和法国的猜测相差不大，但俄罗斯最富有的1%的人实际上拥有该国70%的财富，是英国和法国财富集中度的3倍。

在这项研究中，美国也是财富分配最不平等的发达国家之一，最富有的1%的人口拥有该国37%的财富，但猜测的数值与法国和英国相似，为57%。

如何解释我们的高估？情况很可能是这样的，有些人对这个全球数据有所耳闻，很多国家的数值确实都在50%左右。与其他问题一样，我们回答的问题可能与我们实际被问到的问题不同。然而，我们对全球财富故事的模糊回忆不仅仅意味着我们在很大程度上高估了占比，还似乎极有可能至少在一定程度上是"情感性数盲"的又一个例子：我们知道不平等是一个日益严重的问题，我们经常听到关于过度消费的生动故事，以及许多人缺乏资源的故事，因此我们的猜测变得夸张了。我们在一定程度

问：你认为本国最富有的 1% 的人口拥有的家庭财富占总财富的比例是多少？

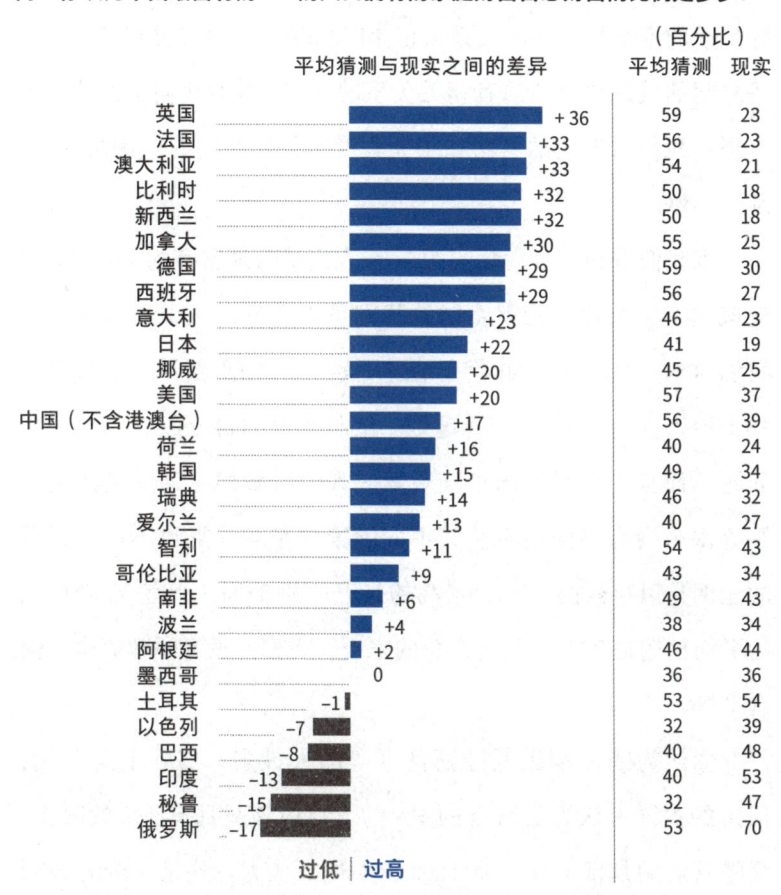

	平均猜测与现实之间的差异	平均猜测	现实
		（百分比）	
英国	+36	59	23
法国	+33	56	23
澳大利亚	+33	54	21
比利时	+32	50	18
新西兰	+32	50	18
加拿大	+30	55	25
德国	+29	59	30
西班牙	+29	56	27
意大利	+23	46	23
日本	+22	41	19
挪威	+20	45	25
美国	+20	57	37
中国（不含港澳台）	+17	56	39
荷兰	+16	40	24
韩国	+15	49	34
瑞典	+14	46	32
爱尔兰	+13	40	27
智利	+11	54	43
哥伦比亚	+9	43	34
南非	+6	49	43
波兰	+4	38	34
阿根廷	+2	46	44
墨西哥	0	36	36
土耳其	−1	53	54
以色列	−7	32	39
巴西	−8	40	48
印度	−13	40	53
秘鲁	−15	32	47
俄罗斯	−17	53	70

过低 | 过高

图 3-2　人们普遍高估了本国最富有的 1% 的人口的财富占比

上传达了这样一个信息：这是一个重大且令人担忧的问题，可能会产生切实的政治影响。俄罗斯和美国学者的一项研究显示，社会阶层之间的紧张情绪和要求政府加大财富再分配的力度与实际生活的不平等之间的关系仅仅是略微相关，但与感知到的不平等之间的关系约为与前者相关关系的 3 倍。[15] 对我们来说这并不奇怪：我们对现实的看法在很大程度上是由我们的担忧塑造的，反之亦然。

当我们看到一个后续问题——人们认为最富有的 1% 的人口应该拥有多大比例的财富时，我们可以看到，认识和理解——我们对这一现实的理解存在情感因素——的重要性。这似乎是一个值得探讨的问题——这是一个与政府的再分配尝试有关的问题，而且没有明确的正确答案。人们对我们应该达到的适当平等水平会有不同的看法，不同国家的平均观点也不同：最低的比例是以色列的 14%，最高的是巴西的 33%，所有 33 个国家的平均比例是 22%。因此，总的来说，人们并没有呼吁完全的财富平等。

你认为哪个国家呼吁财富平等的人最多？实际上是英国，19% 的英国人认为最富有的 1% 的人口应该只拥有 1% 的财富，紧随其后的是俄罗斯，有 18% 的人这么认为。这是一个有趣的组合，考虑到俄罗斯的共产主义历史，它可能比英国更容易预测。美国并不热衷于财富平等，这或许并不令人意外，因为美国全国都致力于成为"机会之地"，个人的努力应该得到应有的回报，只有9%的人表示，1%的人口应该拥有1%的财富。但他们也不是最不关注这件事的——在雄心勃勃的印度和中国，只有3%的人希望财富平等。

我们如果回到人们所说的不平等的平均值，并将其与人们对实际情况的猜测进行比较，就会立即发现一些东西——从表面上看，许多国家的人们似乎对财富不平等现状相当满意。例如，法国人说最富有的1%的人口应该拥有27%，而实际上他们目前"只"拥有23%。对这一点的粗暴解读是，法国人——他们来自一个把"平等"作为其国家信条一部分的国家——是在说，应该再多给最富有的人一点财富。当然，这是完全错误的解释。我们从人们当前如何看待"现实"的问题中得知，法国人平均认为最富有的1%的人口目前拥有该国56%的财富。因此，他们实际上是在说，最富有的1%的人口所拥有的财富应该是现在猜测的一半左右。

从中可以得出两点结论。首先，人们并没有非常精确地思考这类问题——他们的观点只是"富人"应该做什么和应该拥有什么。其次，他们的回答基本上是说，他们认识到富人目前拥有"很多"，而且他们本应该拥有的更少，是他们目前拥有的一半。[16]

这是对错误认知提问的一个重要好处：我们需要知道人们对当前形势的看法，然后再问他们认为事情应该是什么样子。或者反过来说：不知道我们对现实的看法有多么谬误，会导致我们对应该做什么得出非常错误的结论。

第三章 关于金钱

* * *

本章建立在我们如何思考的基础上，为我们自己的金融思维提供了很多教训。从行为科学的角度来看，我们已经取得了很大的进步，我们可以把默认选项设置得更好，并利用现状偏差来服务自己。但这并不能解决所有问题，因为我们在实际和道德上都不可能对每个人的财务生活的所有方面使用类似的方法。我们需要一系列的行动，包括帮助我们利用"第二系统"，这是我们深思熟虑地做出更具分析性的决策的基础。

这一点反映在"财务能力"（financial capability）这一概念上，世界各国政府都采用了这一概念来赢得公民的支持，它确定了我们做出更好的决策所需要的三个关键因素。首先，我们需要一些原始的知识和技能——我们只需要知道一些信息，比如我们需要的养老金的规模，以及如何处理财务管理所需的那种计算。其次，态度和动机也很重要：政府已经认识到，我们对金钱的偏见、启发式和普遍看法至关重要。最后，我们还需要机会——获得财务建议，并能够获得足够的时间和心理空间来做决定。这说起来容易做起来难，因为影响我们财务决策的偏见非常强烈，任何水平的能力或动机都无法为那些勉强维持生计的人带来更多的钱。但对于我们中的许多人来说，在考虑我们自己的财务状况时，更清楚地了解这些构成要素可能会有所帮助。一项研究表明，增强财务能力实际上对人们的财务状况影响相对较小，但它确实显著改善了人们的心理健康，因为人们会感到更能控制和抵御冲击。[17]

  这并不全是冷静、理性的计算，我们不应该忽视自己的情绪反应。例如，对于政府来说，我们的错误认知是一个真实的线索，表明我们对两种日益增长的现象感到担忧：财富集中在上层，年轻人感受到（部分相关的）压力，以及这对他们的生活方式产生的影响。有迹象表明，对许多国家的许多人来说，这是两个非常情绪化的问题，我们不应该对要求干预这两个问题的日益增长的政治压力感到惊讶。

第四章　从内至外：移民与宗教

移民和宗教是当今世界上分歧最大的两个问题。人们情绪高涨，对移民和少数宗教群体的错误认知——不仅是规模，还有其本质——都令人恐惧。

包括我们主持的研究在内的大量研究的结果表明，移民问题是英国脱欧公投的关键驱动因素之一，这在欧洲大部分地区仍然是一个关键性的政治问题，几乎所有国家都很忧虑移民问题，而且这种忧虑还在增加。尽管在英国脱欧之后，极右翼并没有像许多人担心的那样在选举中获胜，但从2017年的法国总统选举到2018年的意大利大选，对移民、宗教和团结的担忧在最近每次欧洲选举中都成了政治辩论的内容。从德国的选择党（AfD）到荷兰的自由党（PVV），几乎每个欧洲国家都至少有一个高调、极端的政党，把移民和更广泛的文化问题作为其提议的核心。我们对唐纳德·特朗普在美国取得成功的分析表明，"本土主义"（nativism）——认为自己的人民、那些出生在这个国家的人应该是第一位的——比其他任何单一因素都更能推动总统获得支持。

在这些主题中，也有对宗教的关注，尤其是对穆斯林人口的关注。在欧洲国家和美国，对伊斯兰教的讨论与非常情绪化的恐怖主义辩论和文化威胁感有关。人们对宗教的看法普遍分为两派：在我们的调查中，正好有一半的全球公众认为宗教弊大于利。

无知和错误认知充斥于这些身份群体的内部和外部世界。我们的很多恐惧不仅是由未知驱动的，也是由对事实的明显错误认知驱动的。当然，事情并没有那么简单。

想象中的移民

让人们估计移民在他们国家人口中的比例是被问及和分析得最多的错误认知问题之一。在所有这些研究中反复出现的模式是，人们报告的百分比远远高于实际比例。在整个欧洲和美国都是如此，但是在我们最新的研究中，排名靠前的是阿根廷、巴西和南非，这些国家的人大大高估了移民的数量。（只有以色列人和沙特阿拉伯人低估了本国的移民人数。）

在美国，人们猜测人口中有33%是移民，而实际上是14%。法国人和德国人的数字是相同的——他们都认为移民比例是26%，而实际上只有12%。

为什么大多数国家的猜测值总是那么高？纵观学术研究和其他研究[1]，最常见的解释是那些对我们来说已经非常熟悉的原因：猜测值是我们对移民的忧虑的情绪反应，这在一定程度上也受到带有偏见的媒体报道和政治讨论的驱动。

我们更容易记住生动的逸事，而不是枯燥的统计数据。有些故事比其他故事更能吸引人的大脑，尤其是那些利用我们对威胁或危险的敏感的故事——这经常就是媒体和政治中关于移民的

问：移民占你们国家人口的比例是多少？

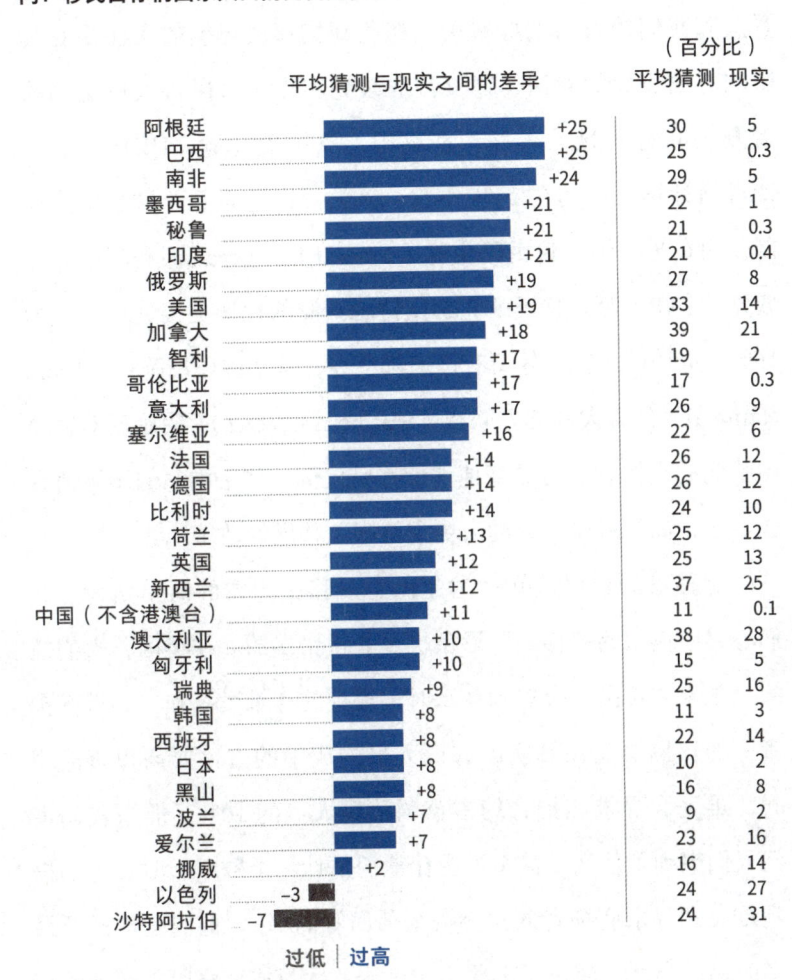

	平均猜测与现实之间的差异	平均猜测	现实
		（百分比）	
阿根廷	+25	30	5
巴西	+25	25	0.3
南非	+24	29	5
墨西哥	+21	22	1
秘鲁	+21	21	0.3
印度	+21	21	0.4
俄罗斯	+19	27	8
美国	+19	33	14
加拿大	+18	39	21
智利	+17	19	2
哥伦比亚	+17	17	0.3
意大利	+17	26	9
塞尔维亚	+16	22	6
法国	+14	26	12
德国	+14	26	12
比利时	+14	24	10
荷兰	+13	25	12
英国	+12	25	13
新西兰	+12	37	25
中国（不含港澳台）	+11	11	0.1
澳大利亚	+10	38	28
匈牙利	+10	15	5
瑞典	+9	25	16
韩国	+8	11	3
西班牙	+8	22	14
日本	+8	10	2
黑山	+8	16	8
波兰	+7	9	2
爱尔兰	+7	23	16
挪威	+2	16	14
以色列	−3	24	27
沙特阿拉伯	−7	24	31

过低 ｜ 过高

图 4-1　人们普遍高估了自己所在国家的移民水平

讨论的基础。

我们的错误认知很重要，因为它们与我们对移民的更广泛看法和我们的政治偏好有关：那些高估移民规模的人往往对其影响有更负面的看法，你支持的政党和你对移民占人口比例的猜测之间有明显的关联。在英国，英国独立党（UKIP）的支持者估计移民比例在25%左右，该党旨在建立更严格的移民控制；而在另一端，自由民主党（Liberal Democrats）和苏格兰民族党（SNP）等亲移民政党的支持者猜测的比例更接近现实，为16%。这种模式在其他所有国家都存在，从法国国民阵线（Front National）到意大利北方联盟（Northern League），明确反对移民的政党的支持者总是更高地估计移民比例。多个国家的国际研究也显示，高估移民人数的人更支持限制移民的政策。[2]

对移民的错误认知远远超出了对移民人数的简单估计。我们心目中典型的"移民"形象也是非常错误的。在英国，人们被问及关于"移民"会想到什么时，提到的"难民"和"寻求庇护者"的比例比其在真实的移民人口构成中的占比要高得多。当时，难民和寻求庇护者约占英国移民人口的10%，但当我们询问人们想到了什么（甚至没有让他们估计一个数字）时，人们提到难民和寻求庇护者的比例占全部回答的1/3。他们是被提及最多的移民类型，超过了那些由于工作、学习或家庭原因而来的移民——尽管难民是这4种移民类型中最少的。

这些生动的图像和感人的故事让人们记忆深刻——它们颠

覆了我们脑海中更大但不那么吸引眼球的群体的形象。牛津大学的斯科特·布林德（Scott Blinder）称这种影响为"想象中的移民"。[3]

这就把我们带到了一个更深层次的、目前颇有争议的错误认知方面——如果你告诉人们真实的数值，比如移民占总人口的实际比例是多少，这是否会改变我们的猜测或政策偏好？在我们对许多国家对移民的态度进行的几十个焦点小组调查以及更大规模的调查中，人们捍卫了自己的猜测。我们要求来自14个国家的人估算移民人数，并向那些猜测结果比本国实际数字高出至少10%的人提出了一个后续问题。我们以意大利为例。移民实际上占意大利总人口的9%，所以我们对所有那些猜测结果是19%或以上的人说："你们国家统计局说移民实际上只占9%，但你们说的要比这多得多——你们为什么会这么想？"

即使在被告知实际数字比他们猜测的要低得多之后，人们仍然坚持认为他们的估计是准确的。当我们问他们为什么认为自己的数字比政府的统计数字更准确时，他们给出的最多的两个答案是：政府的数字是错误的，因为他们没有包括非法移民；或者是"我就是不相信你"。

人们认为非法移民可以让真实的数字接近自己的猜测的想法大错特错。例如，即使对英国非法移民做出最夸张的估计（来自一个呼吁加强移民管制的团体），也只会使移民人口占总人口的比例增加不到1%。[4]

即使给出了正确的数字，人们仍然认为自己对移民的（错误）估计是准确的。我们问他们为什么。表4-1概括了人们给出的主要原因。（百分比表示给出每个回答的受访者的比例。）

表4-1 当被问及"为何猜测数字比实际数字高那么多"时，受访者给出的理由及给出该理由的人数占比

理由	比例
非法进入这个国家的人并没有计入	47%
我仍然认为这个比例要高得多	45%
我在当地看到的情况	37%
访问其他城镇/城市时我看到的情况	30%
我的猜测	26%
在电视上看到的信息	11%
朋友和家人的经历	11%
在报纸上看到的信息	8%
其他（具体事项）	3%
不知道	3%
我误解了这个问题	2%

长期以来，无论是在学术还是竞选中，都有尝试检验"真相是否会改变人们的看法"的惯例，但结果仍然是喜忧参半。一些研究表明，被告知正确的数字对认知根本没有任何影响，而另一些研究表明，其只对某些信念有影响，但对其他信念没有影响。[5]还有一些研究表明，人们会有相对明显的变化。最近在13个国家进行的一项研究中，有一个给人以希望的例子。研究人员将受访者分成两组[6]，告诉其中一半人实际移民水平，而对另一半人

什么都没说。

那些了解正确信息的人没有将移民比例说得太高。然而，他们并没有改变他们的政策偏好：他们不太可能更支持促进合法移民。当研究人员 4 周后再回访同一组时，大多数人都记住了这些信息——尽管政策偏好仍旧不变。这与安格斯·坎贝尔（Angus Campbell）和他的同事们早在 1960 年的经典著作《美国选民》（The American Voter）中提出的理论相吻合，即事实很难穿透我们的党派信仰或我们的"感知屏幕"（perceptual screen）。[7]

更普遍地说，在更多不同的政策领域，通常约有 1/4 的研究发现，事实对我们的信念有重大影响。[8] 这是一个至关重要的结论，也是需要强调的一点：人们通常不会轻易改变他们的观点，但有些人在某些情况下确实会改变观点，而事实可以帮助实现这种改变。关键的一点是，事实仍然很重要，但它们并不总是能完全有效地转变人们的观点，而且这远远不是故事的全部。

关于使用事实"说服"人们的另一个激烈讨论是：向人们提供正确的事实是否真的会导致"逆火效应"（backfire effect）。一些研究表明，纠正错误认知实际上会导致人们更加强烈地坚持与自己意识形态相符的错误观念。当看到有关伊拉克没有大规模杀伤性武器的事实信息后，一些人更加相信这种武器实际上已经被人发现了。这些研究测试了从疫苗对儿童是否安全到人为的气候变化等一系列问题。[9] 在每一种情况下，为正确的立场提供证据都会使许多倾向于相反观点的人产生误解。

然而，一项重要的新研究质疑，这种"逆火效应"的风险是否像我们想象中的那么大。俄亥俄州立大学的托马斯·伍德（Thomas Wood）和乔治·华盛顿大学的伊森·波特（Ethan Porter）在一系列的实验中研究了 36 个不同的问题，没有找到任何像样的证据能够证明人们会对正确的事实信息做出反应，变得更加确信自己的错误观念。[10] 这并不是说人们不再愿意相信符合他们世界观的事实——他们显然是相信的。事实上，这项研究表明，从堕胎率的变化到移民犯罪率的变化，人们在各种问题上都存在明显的党派偏见。只是人们并没有积极地背弃事实，也就是说并没有让事情变得更糟。

从我们所看到的人们的思维方式来看，这既令人鼓舞又令人安心。我们不应该试图用数据证明人们是错的来改变他们的想法，也不应该害怕使用事实。我们需要用故事和解释吸引人们，而事实应该是其中的一部分。

当然，我们也需要避免将人们对"移民"这个庞大多样的群体的看法简单化：公众舆论中存在的细微差别和矛盾有时比传达出来的要多得多。我们可以从一个明显的事实中看到，在同一项调查中，许多相同的受访者会同意"移民从本地人口中抢走了就业机会"和"移民通过创业创造工作岗位"这两种相反的说法。你自己试试——问自己这两个问题，你们中很有可能有一些人会同意这两种说法，因为这些问题的提问方式会在脑海中形成不同的画面，即使它们表面上说的是相同的人群。

两者至少在某种程度上以及在特定的情况下都是正确的。关于总体上移民是否的确抢走了本地人口的就业机会，存在着一种相当片面的论调，几乎所有经济学家都不同意——"劳动力总量"（lump of labour）的观点确实是一种谬论。就业不存在"零和游戏"——一个人的收益等于另一个人的损失。总的来说，移民通常会创造就业机会，如果一个移民找到了一份工作，并不会直接导致一个国家剩余的就业机会减少。

然而，有证据表明，某些部门（特别是低技能行业）的工人被取代了——一些人可以合理地感受到他们的工作被夺走了。[11]这是关于移民好处的经济争论的关键问题之一，也是移民让人们感到害怕的原因。的确，在国家（宏观）层面上，移民对经济的贡献大于经济对移民的帮助。但是人们看不到国家层面的影响——增加税收或消费。人们生活在当地（微观）社区，在那里他们看到个人的工作竞争，更多的人在医生的手术室外等待或在申请社会保障性住房的队列中排在他们前面。

当然，媒体和政治讨论显然在塑造这些负面形象方面发挥了作用。然而，正如我们对英国的历史数据所显示的那样，把移民问题完全归类为媒体效应是非常错误的。

在20世纪80年代和90年代，人们对移民问题的关注度都很低。但在90年代后期，随着欧盟的扩张，英国的净移民数量显著增加。如图4-2所示，这些事件有一个清晰的顺序。

首先，移民人数上升。媒体开始一段时间没有关注，因此提

第四章　从内至外：移民与宗教　　105

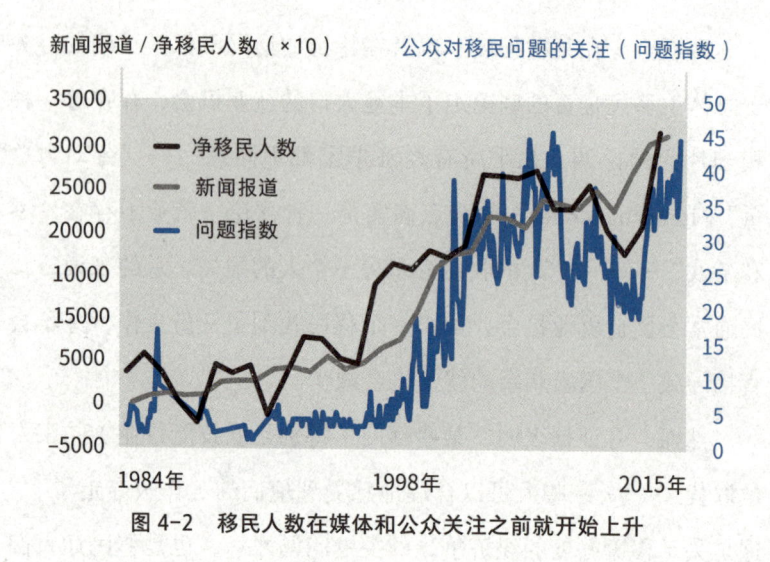

图 4-2 移民人数在媒体和公众关注之前就开始上升

到移民的新闻报道数量增加是滞后于现实的。之后公众的关注水平就会上升。媒体报道是对已经发生的事实的一种传播机制。媒体并没有创造出急剧增长的净移民数字，即使其中某些部分以一种远远超出合理范围的方式助长了公众的恐惧。益普索在意大利的分析显示，抵达意大利的难民数量、媒体报道和公众关注之间的模式与此非常相似。[12]

如果媒体不是移民问题的唯一制造者，那么人们对媒体源的选择无疑是他们对移民问题关注程度的一个绝妙预示。如图 4-3 所示。

在英国，约 55% 的《每日邮报》（Daily Mail，一份右翼报纸）读者认为移民问题是 2014 年英国面临的首要问题之一，相比之下，持更开明观点的《卫报》（The Guardian）读者只有 15% 这么认为。这是我们能找到的最具差异性的因素之一——当然，这并不意味着你的报纸阅读决定了你的观点，而是人们选择的媒体反映了他们原本的观点。要完全明确因果关系是不可能的，但我们有理由假设两者都成立。

这里有两点需要注意。首先，《每日邮报》的读者在移民水平较低的时候并没有把移民当作一个令人担忧的问题：他们并不是生来就对移民有意见。随着移民人数的增加，观点分歧爆发式增长。其次，《卫报》的读者在一个方向上与平均水平的差距与《每日邮报》的读者在另一个方向上与平均水平的差距几乎相同。

人们对移民问题感到担忧的原因之一是认为移民比其他群体

问：今天英国面临的首要问题是什么？

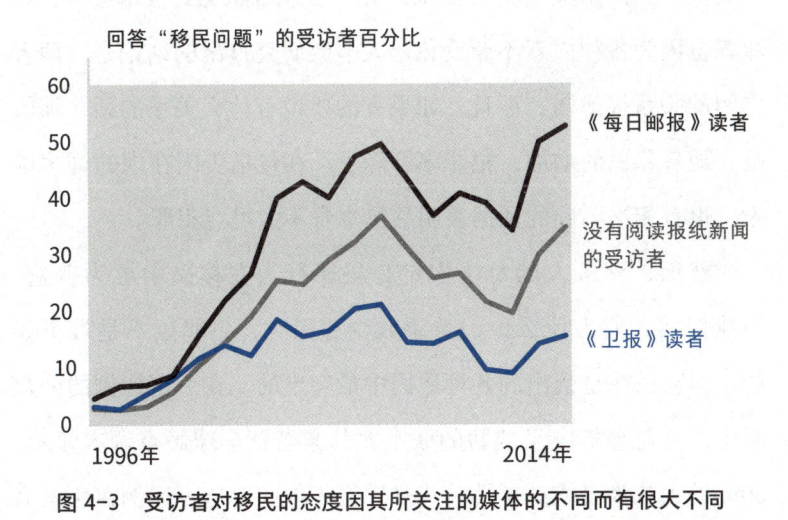

回答"移民问题"的受访者百分比

《每日邮报》读者
没有阅读报纸新闻的受访者
《卫报》读者

图 4-3 受访者对移民的态度因其所关注的媒体的不同而有很大不同

第四章　从内至外：移民与宗教　　107

犯罪更多。这种看法有时会被部分媒体煽动。然而，实际证据是复杂和相互交织的。

移民罪犯

英国的一项研究发现，暴力犯罪与移民之间没有关系，寻求庇护的人口数量与财产犯罪增加之间的关系较弱，但财产犯罪的减少与更广泛的移民有关。[13] 意大利的一项研究发现，移民对暴力犯罪或财产犯罪总体没有影响；而美国的一项研究表明，没有证据表明移民和暴力犯罪之间存在因果关系，但移民和财产犯罪之间存在显著联系。[14] 我们可以理解为什么这个问题很复杂，因为犯罪率与其他因素高度相关，尤其是贫穷，而且考虑到移民往往更贫穷，因果关系变得很难区分。从经济状况到技术进步，犯罪率也因为各种因素不断变化。大多数研究得出的结论是，两者之间的关系很薄弱，而且，如果真的要说有什么关系的话，那就是，随着移民的增加，犯罪率下降了。在包括美国在内的许多国家，也有相当明确的证据表明移民本身不太可能犯罪。

然而，许多人的看法肯定是犯罪行为在移民中更为普遍。当我们问人们为什么他们希望减少移民时，犯罪虽不是最重要的，但它往往是给出的各种原因中最突出的。在一定比例的公众眼中，它与恐怖主义威胁的联系尤其紧密：全球民意调查显示，60%的人认为恐怖分子伪装成难民进入他国，这一比例在法国为

70%，在德国和意大利为 80%。

那么，这种误解是否反映在高估移民囚犯比例上呢？是的。几乎每个国家的人都认为移民在监狱人口中所占的比例要比实际情况高得多：在我们提出这个问题的 37 个国家中，平均猜测是每 10 名囚犯中有 3 名是移民，而实际数字只有这个数字的一半，为 15%。

错误最严重的是荷兰，他们猜测荷兰的监狱中有一半的囚犯是移民，而实际比例是 1/5。可能有一种非常特殊和不寻常的模式可以解释这种错误认知。那就是荷兰的刑事司法系统是如此成功，以至于他们的监狱系统实际上有过剩的容量，这在我这样生活在英国的人看来是非常不同寻常的：在英国，监狱过度拥挤是一个严重的问题。荷兰一直在关闭监狱设施，但它也从挪威引进了囚犯。这在荷兰引起了全国性的讨论，这可能是比例被高估的部分原因——与其说是对移民的恐惧，不如说是刑罚体系的成功造成的。

其他许多国家当然没有能力蓬勃发展囚犯引进业务，但也有很长的路要走——例如南非、法国和美国。这些国家经常在移民问题（或高估移民人口）的榜单上名列前茅，这可能并不是巧合。

与许多其他问题一样，这值得我们反思世界各地不同国家难以置信的各种现实。举 3 个移民人口比例相近的国家：比利时的实际移民人口为 10%，英国为 13%，美国为 14%。但移民在这 3

个国家的监狱人口中所占比例有很大不同。在比利时，移民在监狱人口中所占比例（45%）远远高于他们在总人口中所占比例。在英国，这一比例为12%，与正常水平相当，而在美国，这一比例远低于其他两个，是5%。

因此，尽管移民在比利时总人口中所占比例略低，但他们在比利时监狱中所占比例却是美国的9倍。造成这种巨大差异的原因是一张包含历史、文化和经济因素的复杂网络，反映了这两个国家移民的多样性。比利时监狱已成为伊斯兰激进主义的一个特别关注的焦点，监狱中35%的囚犯是穆斯林，而穆斯林仅占比利时总人口的6%。另一方面，美国监狱的囚犯主要是本土出生的非裔美国人：美国约40%的囚犯是黑人，尽管黑人只占成年人口的13%。

我们主要担心的是，为什么大多数国家的人倾向于大幅高估移民囚犯的比例，至少在原始估计中是这样。我们可以理解为什么媒体和政治修辞可能在其中发挥作用，尤其是因为犯罪和移民单独打击了很多人的情绪神经，当两者结合时更是如此。以2012年英国《每日邮报》的头条为例：

"移民犯罪浪潮"（Immigrant crimewave）警告：伦敦1/4的犯罪都是外国人所为。[15]

这不是"假新闻"。这些数字是正确的，而且是根据伦敦警察厅关于那些被起诉、被送上法庭、被罚款或警告的人的国籍统计得出的。在这个引人注目的标题之后,该文用几句话介绍了移民犯下的一项特别可怕的罪行。然而,这篇文章没有提到一个事实,即外国人占伦敦人口的40%左右,因此这些犯罪统计数据中的信息明显不足!

我们的大脑以特殊的方式处理负面信息,并更容易储存它们。赔钱、被朋友抛弃、受到批评,这些对我们的情感比赢钱、交到朋友或得到赞扬造成的影响更大。这源于我们大脑运行的基本原理。在一项实验中,社会神经学家约翰·卡乔波(John Cacioppo)向人们展示了能引起积极情绪的图片,比如比萨或法拉利,以及能引起消极情绪的图片,比如残缺不全的脸或死猫,并记录了受试者大脑的脑电波活动。[16] 他发现大脑对负面图片的反应确实更强烈。其他学者的进一步核磁共振成像研究证实,负面图片在大脑不同部位的处理强度不同。[17]

此外,因为我们对积极和消极信息赋予的权重是不平衡的,所以在成功的人际关系中,我们需要更多的积极信号,而不是消极信号:50∶50是行不通的。人也不会一直都保持完全积极——在最初的蜜月期之后,这会让大多数人发疯。事实上,研究人员已经表明,伴侣幸福地在一起所需的完美比例是5∶1——积极的情感和互动是消极部分的5倍(我需要增加和我妻子约会的次数)。[18]

在英国的一项调查中,我们对负面因素的权重进行了简单的演示。我们让人们想象自己得了一种危及生命的疾病（这是我们的另一项更令人振奋的研究），而他们的医生告诉他们需要手术治疗。然后，我们询问人们在两种情况下接受手术的可能性有多大。我们通过直言不讳的医生告诉其中一半人，接受手术的人中有 10% 可能会在 5 年内死亡，另外一半的人则被告知 90% 的人在手术后 5 年仍然活着。[19]

尽管这两种情况的表述方式不同——一种侧重于积极的一面，另一种侧重于消极的一面，但从统计数据来看，这两种情况显然是相同的。在被告知"90% 会活下来"的样本中，56% 的人说他们很可能会做手术，但在被告知"10% 会死"的那一半样本中，只有 39% 的人会做手术。当他们迈向"不知道"而不是"不"时，对死亡的关注让他们停下了脚步。这正是你从理论中学到的：我们的本能反应是，当存在明显的威胁时，我们就会更谨慎。

由此可见，我们提供给人们的信息是多么重要。对同一现实的消极框定会产生非常不同的思维过程，这既适用于我们如何看待社会现实或整个社区，也适用于我们自己的决定。我们必须意识到自己制造的任何刻板印象，以及我们在多大程度上依赖于更直接、更容易回忆起的负面信息，而不是对问题或决定的公平描述。

都在我们脑子里？

迄今为止，对于我们所看到的许多明显的错误认知，还有另一种有趣的解释，这种解释源于心理物理学的研究。在开始调查全球错误认知之前，我没有听说过心理物理学，你可能也没有听说过。我很惭愧地说，我脑海中浮现的画面是疯狂的科学家在进行可怕的亚原子实验。相反，心理物理学探索和测量的是我们对物理刺激的心理反应——我们如何感知光和热等事物。

心理物理学起源于19世纪的古斯塔夫·费希纳（Gustav Fechner）的研究，经过几十年的研究发展，它确定了许多迷人的、独特的模式。[20] 例如，根据心理物理学的一个关键定律，当我们看着昏暗的光线、拿着小重量物体或听着微弱的声音时，我们可以察觉到环境中微弱的变化。但当光线很亮、重量很重或声音很大时，我们需要以一种持续的、可预测的方式才能注意和察觉到环境中更大的变化。进一步的心理物理学定律表明，我们的估计和现实之间的关系取决于我们所接触到的刺激类型：例如，与亮度增加相比，我们更容易感知到电击强度的增加，我们同样是以一种可预测的方式夸大了变化的规模。

与我们最相关的模式是，心理物理学表明我们倾向于高估小值和低估大值，同样是以一种可预测的方式。这背后有许多巧妙的数学运算，但它基本上反映了我们对不确定性采取的明智做法，即我们会重新调整自己的答案，在可用选项中对冲我们的赌注（在询问人们人口百分比的情况下会调整50%的比例）。

心理物理学并不能解释我们所有的错误，但如果你接受它能为解释我们的反应提供有用的见解（我就是这么认为的）这一观点，那么我们对另一组因素的判断可能会比我们从原始数据得出的结论错误更大。

例如，我们前文讨论过的一些我们错误最大的事情，即使考虑到所谓的对冲，世界各地的人们还是经常严重低估肥胖，并且真的低估了人们的幸福感。[21] 相反，纵观整个国家，考虑到我们的对冲倾向，移民数量实际上并没有被高估。*

在一些国家，这个数字仍然被高估了。例如，在巴西，实际移民人数仅占人口总数的 0.3%，但人们的猜测是 25%。心理物理学模型考虑到了我们天生高估小值的倾向，但即便剔除这一因素后的估计也约为 9%——因此，1/4 人口的平均猜测结果仍然是错误的。美国预测的 33% 与该模型根据 14% 的实际数值所预测的公众猜测值基本相同。而在瑞典等国家，我们预计中的人们的猜测会比他们实际猜测的更高，这纯粹是根据我们对调整比例的估计。移民实际上占瑞典人口的 16%，而猜测比例是 25%，但该模型显示，人们应该对冲到 34%。

心理物理学提供了极具吸引力又极有帮助的解释，它对我们理解错误认知是一个重要的补充。但我不认为它否定了其他解释（心理物理学研究者也不认为），其中原因有很多。对我来说最重要的是，正如研究人员所说，我们目前不知道我们简化的回答是否仍然是我们讨论和决定我们对移民看法的最重要的观点。与

---

* 我们觉得移民比例不会只有那么低，为了对冲会故意回答一个较高的数字，也就是说，没说出口的真实估测并不高。——编辑注

估计温度不同,我们对移民规模的评估需要与人们进行明确的讨论,并且人们要能被告知或知道"正确"的答案。我们对移民规模的明确认识也是政治辩论和竞选承诺的一部分。

* * *

就像这本书的大部分内容一样,我们从移民研究中得到的总体教训比最初的情况更让人满怀希望。首先,我们在估计某些人口和问题的比例时,我们的错误认知可能部分是因为我们在面对不确定性时进行"对冲"的结果。这并不能解释国家或个人层面上的所有错误,也无助于纠正我们认为事情正在变得更糟的倾向(正如我们将在下一个关于犯罪的章节中看到的那样)。我们也不清楚持有这些不正确的观点是否会影响我们对更多议题的观点,以及它们在公共和政治环境中的讨论。但是,对我来说,它缓解了一些绝望,而我们所看到的更荒谬的猜测鼓励了那种绝望——如果至少有一部分原因是机械的,而不是因为不可调和的偏见,那么我们就有希望!

也许本章得出的更重要、更鼓舞人心的结论是,不应该完全忽视事实的力量——在某些情况下,它们仍然能对某些人产生影响。政界过去常常认为,你只需要把事实摆出来(例如,移民对经济的净效益),人们就会转而接受一个"明智"的观点。随着身份认同、意识形态和党派之争的力量被凸显出来,这一点理所当然地遭到了质疑。

然后，重点转移到更少关注事实、更多关注叙事上面，也就是通过故事和情感与人联系。但是，我们现在已经开始质疑那些吸引眼球的证据，这些证据似乎表明，告诉人们正确的事实实际上更可能让他们持有相反的观点。我们正在接近一个更加平衡的立场，在这个立场上，故事和事实都应该被认为对人们的信念很重要。这不仅对现实来说是一件好事，而且对我们未来想要的社会类型来说也是一件好事。我赞同阿道司·赫胥黎（Aldous Huxley）的说法："事实不会因为被忽视而不复存在。"[22] 从长远来看，默认人们忽视或扭曲现实没什么大不了对任何人都没有好处。

第五章　安全可靠

"事实胜于统计数据。"英国法官斯特里特菲尔德（Streatfield）在 1950 年引用的这句话，完美地说明了我们对犯罪的看法与实际统计数据之间自始至终的脱节情况。这句特别的引用与呼吁恢复英国最近被废除的肉刑（即鞭笞）有关，原因是人们认为暴力犯罪有所增加。1950 年 3 月的《曼彻斯特卫报》（*Manchester Guardian*，1959 年改名为《卫报》）讲述了这场由一系列残酷袭击引发的现场辩论。[1] 法官们非常愤怒，因为他们不能以其人之道还治其人之身，斯特里特菲尔德法官说：

> 这些案件的暴力程度，无论是针对女性还是男性、老人还是年轻人，都比以往更加冷酷和残忍。在这种情况下，对于那些在最残酷、最野蛮的袭击中受伤和承受恐惧的受害者来说，告诉他们这种类型的犯罪比过去少了，并不能让他们感到安慰。[2]

法官至少承认犯罪在减少，但并不是每个人都接受这一点，比如议员就在公开谈论犯罪增加的问题。实际数据则显示，废除肉刑后的几个月里，暴力抢劫案件大幅减少。这则新闻总结道：

在这个国家，有一部分人，每当有一系列犯罪事件被广泛报道时，他们就习惯性地诉诸"九尾鞭通缉令"。[3]

什么都没变！在世界上任何一个国家，我们都可以很容易地找到这样的联系：耸人听闻的犯罪报道，对犯罪率下降的统计数据的极度不信任，进而呼吁采取更严厉的行动。鉴于英国现在的媒体环境与20世纪50年代大不相同，这表明我们需要更多地关注我们对信息的反应，而不是简单地指责媒体。

犯罪是我们研究错误认知首先关注的领域之一，因为人们的悲观和担忧远远超过了数据所显示的合理程度。人们的负面看法是托尼·布莱尔（Tony Blair）领导下的英国政府特别关注的焦点。它在司法方面投入了大量资金，在增加警察数量和其他资金方面满足了人们的很多需求。犯罪率无疑是下降了，不管用哪种方法测量，但人们没有注意到的是，犯罪率仍然经常排在每月最令人担忧的指标榜首。布莱尔成立了一个由（现在的）路易斯·凯西（Louise Casey）爵士领导的特别小组来研究这个问题，我们和他们一起进行了各种研究，以了解怎样做才能让人们放心。另外，我们自己也研究了对犯罪的错误认知，试图汇集我们掌握的所有证据，解释人们的认知为什么是错的以及我们能做些什么。这是一个相当关键的问题，所以我们的研究报告是当时的内政大臣发布出来的。

从前面的章节中你可能猜到了为什么这是一个错误认知频频

出现的领域。这是一个能吸引媒体兴趣的话题，也是一个能激起恐惧的生动画面。它还提供了大量的负面信息，让我们过度关注它。我们天生倾向于认为一切都在变得更糟，这进而加大了所有这些因素的影响力。

更多谋杀？

人类对谋杀有着特殊的情感共鸣。它在伊斯兰教的十诫和七宗罪中占有重要地位。事实上，在《古兰经》中，夺走一个无辜的生命等于杀死全人类。这并不是说，随着时间的推移，社会对谋杀的态度一直保持不变——事实上，从私下清算到受国家干预的公共犯罪，我们对谋杀的看法发生了巨大的变化。荷兰伊拉斯姆斯大学（Erasmus University）的历史犯罪学教授彼得·斯皮伦伯格（Pieter Spierenburg）在他的《谋杀史》（*A History of Murde*r）一书中概述了这些变化，以及它们是如何与长期以来谋杀率的急剧下降同步发生的。例如，他的估计表明，在15世纪，每10万人中就有47人被谋杀，而在最近的时间里，这一数字下降到每10万人中只有2人被谋杀。[4]

我们询问了人们对这些趋势的看法——不过是在一个更确切的时期内。当我们询问来自30个国家的受访者，在过去的20年里，谋杀率是更高了、保持不变还是更低了时，有一个非常明确的看法就是谋杀率更高了，或者至少肯定没降低。总体而言，约有一半（46%）的人认为自 2000 年以来谋杀率有所增长，只有 7% 的人认为谋杀率有所下降，30% 的人认为谋杀率保持不变。

实际趋势与这些看法大相径庭。事实上，在这 30 个国家中，有 25 个国家的谋杀率在现实中下降了，而且往往是显著下降。实际上，只有 3 个国家——墨西哥、秘鲁和加拿大的犯罪率升高了，巴西和瑞典的犯罪率基本保持不变。

南非是国民最确信谋杀率升高了的国家之一——85% 的南非人认为是这样，但现实是谋杀率下降了 29%。而且这种下降并不罕见——大多数国家的降幅都是两位数。例如，美国有超过一半的人认为该国的谋杀率升高了，但现实是降低了，降幅达 11%。这与美国的其他研究相呼应，这些研究普遍涉及枪支犯罪。2013 年皮尤研究中心的一份调查显示，56% 的人（错误地）认为，在他们被询问的这段时间内，枪支犯罪率有所上升。[5]

问：你认为你们国家的谋杀率与 2000 年相比是更高、更低还是保持不变？

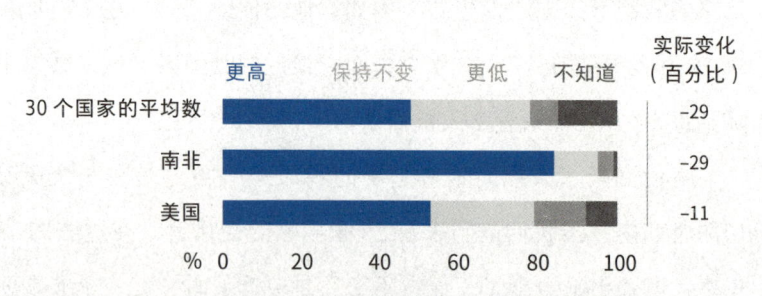

	更高	保持不变	更低	不知道	实际变化（百分比）
30 个国家的平均数					−29
南非					−29
美国					−11

图 5-1　只有一小部分人认为谋杀率在过去 20 年间有所下降，尽管这在大多数国家都是事实

没有一个国家特别擅长识别真正的趋势，尽管中国是唯一一个人们更有可能（正确地）认为犯罪率降低而非升高的国家——即使是在这里，大多数人也说犯罪率更高或保持不变，但是根据官方数据，犯罪率实际上下降幅度高达65%。

出于某些原因，我们比其他人更能原谅人们对这个问题的错误认知。让人们将犯罪率与20年前进行比较是一项艰巨的任务，因为人们的脑海中会浮现最近发生的事件，而且犯罪数据通常会与去年同期进行比较。还有许多指标，这些指标经常在媒体上被接二连三地讨论：人们的看法会受到特定类型的暴力犯罪（例如英国持刀犯罪的增长）和谋杀之间的逻辑联系的影响。即便如此，在大多数国家，无论如何衡量，谋杀率的总体趋势是大幅下降的，而这并不是人们的普遍印象。

本书前面的讲述表明，我们对事实问题的回答实际上可以揭示出我们的忧虑。谋杀率下降时，我们却说谋杀率在上升，这在一定程度上表达了我们对这些威胁的担忧。布鲁塞尔自由大学（Free University of Brussels）的心理学家娜塔莎·德罗斯特（Natacha Deroost）和米克·贝克维（Mieke Beckwé）的研究表明，当我们担心和思考某件事时，我们会失去对认知的控制。[6] 在我们的大脑中，威胁会变得越来越大。

然而，在这种情况下，还有一个更深层的因素在起作用。因为我们要求人们进行回顾性比较，权衡过去和现在，正如我们从斯特里特菲尔德法官的话中看到的，每一起新事件或一系列犯罪事件都比过去更紧迫。原因是我们容易被一种"美化回忆"的感觉所影响，这种偏见认为过去往往比现在更美好。罗马人将这种现象称为"回忆过去的快乐时光"（memoria praeteritorum bonorum），翻译过来大致就是"过去的总是被铭记"。

1997年，华盛顿大学的特伦斯·米切尔（Terence Mitchell）和他的同事测试了这种影响的程度，主题是我们如何编辑假期记忆，这个主题要快乐得多。[7]在他们的研究中，三组人分别在假期前、假期中和假期后接受了采访。大多数人都遵循这样的模式：一开始是积极的期待，然后是轻微的失望（我们都有过这样的经历）。但是，一般来说，大多数受试者对发生越久的事件评价越积极。再次强调，这不是我们大脑的愚蠢错误——它可能相当聪明。正如米切尔所说，用一种可能不完全准确的积极情绪来记住事情，有助于增强我们的幸福感和自尊感。

许多其他实验在一系列环境中也表现出了类似的结果。例如，你还记得你在学校的表现吗，具体是什么成绩？也许没有你想的那么好，如果你像大部分人一样：我们更有可能相信我们表现得比实际更好。在一项研究中，参与者被要求回忆他们的成绩，但随后研究人员又将其与学校记录进行对比。3/10的人错误地回忆了他们的分数，而且这些错误并不是中立的、随机的——更多的分数是被上调而不是下移。排名A档的学生十次中有九次能准确回忆，而排名D档的学生十次中只有三次能准确回忆。[8]

鉴于极端犯罪的罕见性（例如，2015年在澳大利亚、丹麦、英国、意大利和西班牙，每 10 万人中"只有"一人被谋杀）[9]，我们的直接经验非常有限，我们的解释应该仔细考虑媒体和政治讨论的作用。

记者总是对犯罪大肆报道——"如果流血，它就会引领话题"是一个经常被重复的陈词滥调，这是有原因的。犯罪越严重、谋杀越"可怕"，就越有可能登上头版。媒体研究专家托尼·哈卡普（Tony Harcup）和迪尔德丽·奥尼尔（Deirdre O'Neill）发现，英国报纸上 1/3 的媒体报道都是负面的。[10] 当然，这并不是决定新闻机构关注什么内容的唯一标准，许多研究都试图确定什么才是真正的新闻价值，或者学术界通常所说的"新闻价值观"（news values）。20 世纪 60 年代，媒体研究者加尔通（Galtung）和鲁格（Ruge）在挪威进行了一项开创性的研究，他们确定了12 个因素，比如一个事件发生得多么突然或出乎意料、它是否涉及精英、它是否符合预期，当然，还有它是不是负面的，坏消息比好消息更有新闻价值。[11] 此后，许多研究人员对此进行了测试和更新（增加了诸如是否涉及名人等因素），但负面仍然是一个不变的重要特征。正如上一章所强调的那样，这是有道理的——我们往往会专注于负面的东西，因为这通常是重要和紧急的信息。

我们对八卦也有浓厚的兴趣，特别是谁在维护或者没有维护群体的道德标准。八卦是我们在进化过程中与生俱来的本能。我们的祖先生活在小社区里，因此他们必须很快了解可以依赖谁、不能依赖谁。在这些条件下，对他人的私人行为和行为标准的浓厚兴趣是积极有益的。那些特别擅长利用这种社会智力的人最终比那些不擅长的人更成功，他们将人类的八卦基因传递了下去。[12]

我们对社会趋势的看法也会受到媒体和政客传达给我们的信息的影响。与媒体和政治话语的其他方面一样，戏剧性和绝对化的东西会吸引人们的注意。哈卡普和奥尼尔对新闻价值的研究表明，新闻标题会强调某种特定的犯罪是如何激增的，而不是整体犯罪率逐步下降。这样做只会让故事更精彩。此外，犯罪也是一个关键的政治话题，政客和党派报纸经常用疯狂的言辞提及犯罪，以求获得舆论加分。

在美国，唐纳德·特朗普提供了几个犯罪如何被政治化的例子。2017年，他在推特上发表了对英国犯罪率的干预情况的看法：

新鲜出炉的报告称："由于恐怖主义的蔓延，英国的犯罪率每年上升13%。"大事不好，我们必须保证美国的安全！[13]

这些都是公布的正确数据，犯罪率上升的部分原因是新的犯罪记录类别的建立和准确性的提高，也有潜在的犯罪率同比上升的情形。然而，这与"恐怖主义"没有明显的联系。《旁观者》（The Spectator）杂志编辑弗雷泽·纳尔逊（Fraser Nelson）回应道：

"在……中"（amid）是一个深受虚假新闻网站喜爱的词，

用来把相关性和因果关系混为一谈。在令人烦躁不安的指尖陀螺的流行中，英国的犯罪率也在上升。[14]

同样来自特朗普的第二个例子确实涉及对数据的误传，这次是在美国。2017年2月，特朗普总统在白宫对美国国家安全局（NSA）发表讲话时说：

> 我们国家目前的谋杀率是47年来最高的，对吧？你知道吗？47年了，媒体没有如实报道过。因为那样说对它们没有好处。[15]

媒体没有那么说是有原因的——因为那不是真的。正如特朗普总统曾经指出的那样，美国城市的谋杀率当时确实出现了45年来最大的增长。然而，撇开正确的统计数据只涉及城市这一点不谈，更正确的数据变化类型显然与他对美国国家安全局所说的非常不同。实际数据显示，在全国谋杀率多年持续下降的情况下，城市的谋杀率仍在逐年上升。1993年，美国报告的谋杀案数量达到高峰，约2.45万起，到2014年急剧下降到约1.4万起。

特朗普总统反复使用这种错误的数据表述也很重要，因为我们知道，仅仅是重复错误的表述就会增加人们相信它的可能性。社会心理学家称之为"真相错觉效应"（illusory truth effect）。正如我们所看到的，人们倾向于相信那些符合他们对世界的现有理解的事物。他们也更有可能相信感觉更加熟悉的信息。当我们第二遍或第三遍听到某件事时，我们的大脑会更快地做出反应，我们把这种"流畅"归因于它是正确的。对大学生的研究发现，当他们在隔了几周后第二次看到虚假的表述时，他们更有可能相信这些表述是正确的，例如，篮球在1925年被列为奥运会项目。[16]

这种偏见对政治竞选活动产生了有害影响，在政治竞选活动中，虚假言论被反复利用，因为纯粹的重复意味着一些人会一直坚信。这并不是说，任何胡言乱语重复一遍，大家就会相信。但是，当我们回到有关英国脱欧的一些声明和更罕见的真正"假新闻"的例子时，我们会看到一些重复的谎言持续得非常久。

更多恐惧？

如果有一种罪行比谋杀更可怕的话，那就是恐怖主义。这就是设计者的目的，吸引最大限度的关注并激发恐惧，以帮助实现更大的目标。它是随机发生的，我们可以很容易地想象自己在这些日常生活的情景中——在流行音乐会中、在飞机上、在餐厅或在礼拜场所里。对恐怖事件产生的恐惧使我们失去了分寸感并夸大了风险，不管是总体上的，还是对我们个人的。哈佛大学的珍妮弗·勒纳（Jennifer Lerner）概述了一项研究，该研究显示，在"9·11"恐怖袭击发生后不久，美国人认为自己在未来12个月内成为恐怖袭击受害者的可能性为30%，当然，这种可能性远没有这么大。[17]

除了谋杀问题,我们也询问了人们认为恐怖主义正在发生什么变化:与2001年9月11日之前的15年相比,之后的15年与恐怖袭击有关的死亡人数是增加了还是减少了。我们选择9月11日作为一个明确的时间标记,以消除那次恐怖袭击对美国数据的影响。回顾近代历史上两个相当漫长的时期,也有助于消除这些本质上是一次性的事件的影响。排除该研究的年份(2017年)意味着,在我们采访期间如果发生任何悲剧事件,都不会影响我们的估计结果(尽管我们应该认识到,人们回答的并不总是他们被问到的问题,新的事件不可避免地会影响人们的判断)。在撰写本书时,还无法获得2017年的数据,但即使这一年发生了一些非常引人注目的恐怖袭击,也不会改变总体趋势,即这两个时期之间有非常显著的下降趋势。

获取这些数据需要时间,因为统计与恐怖主义有关的死亡人数很复杂——这些信息需要从多个来源拼凑,不可避免地会涉及人为判断的因素。然而,非常幸运的是,现在马里兰大学(University of Maryland)的研究人员维护着一个全球恐怖主义数据库(GTD),可以一直追溯到1970年。这些数据完全来自公开的信息,包括新闻档案、现有数据集、书籍、期刊文章和法律文件。

研究人员试图从多个来源证实每条信息,但他们(正确地)没有对其绝对准确性做出任何声明。这是一个令人难以置信的资源,不仅包括死亡人数(受害者和恐怖分子本身),还包括多达

第五章 安全可靠　　127

120条其他信息，包括从使用的战术和武器到谁宣称对此负责等内容。

你可能会发现大趋势令人惊讶。在我们的调查涉及的34个国家中，有25个国家死于恐怖袭击的人数下降了，而将所有国家作为整体来看，与恐怖主义有关的死亡人数大约是过去的一半。

人们的看法截然不同：总体而言，只有19%的公众认为恐怖袭击造成的死亡人数减少，34%的人认为死亡人数增加，33%的人认为死亡人数保持不变。在这一点上，有些国家的受访者大错特错。例如，在土耳其，有60%的受访者认为，在这段时间内恐怖袭击造成的死亡人数有所增加，而实际上却减少了一半。当然，这并不是在淡化土耳其恐怖主义威胁的严重性：土耳其的死亡人数仍然是我们所调查的国家中最高的——在最近的15年间，有2159人死亡。然而，他们对变化趋势的观点是非常错误的。

一些国家的受访者确实准确地把握了这种趋势，通常是在情况变得更糟的时候：大多数法国受访者正确地指出，他们国家的死亡人数增加了。但有些人甚至对最近的变化过于乐观：大多数俄罗斯受访者认为，恐怖袭击造成的死亡人数要么减少了，要么保持不变，但实际上人数却增加了一倍。

将这两个时期相比，英国死于恐怖袭击的人数下降幅度最大，这主要是北爱尔兰和平进程和1997年宣布停火的结果。根据GTD的数据，在2001年之前的15年里，英国本土有311人死于恐怖袭击（我们排除了北爱尔兰，因为我们调查的对象是大

问：你认为"9·11"袭击后的 15 年间（2002—2016 年），与"9·11"袭击前的 15 年间（1985—2000 年）相比，你们国家恐怖袭击造成的死亡人数是增加了、减少了还是大致不变的？

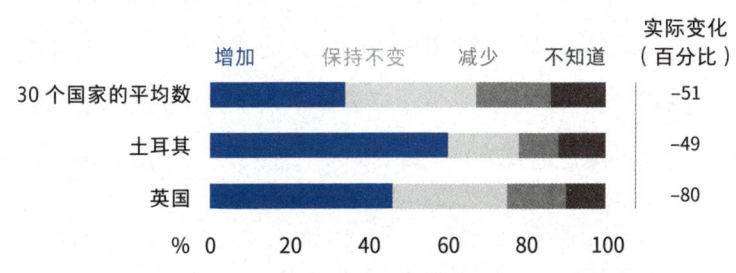

	增加	保持不变	减少	不知道	实际变化（百分比）
30 个国家的平均数					−51
土耳其					−49
英国					−80

图 5-2　尽管近年来大多数国家因恐怖袭击而死亡的人数减少了，但很少有人这么认为

不列颠岛而非整个英国的受访者），而在 2001 年之后的 15 年里，有 62 人死于恐怖袭击（如果我们把北爱尔兰的死亡人数包括在内，下降幅度会更大）。然而，英国人的看法并非如此：47% 的人认为在此期间死于恐怖袭击的人数有所增加，29% 的人认为死亡人数保持不变，只有 15% 的人认为死亡人数有所下降。

不出所料，我们对这次错误的解释与我们对谋杀率的解释类似——我们对过去的美好回忆为我们对过去的看法加上了滤镜，而关于恐怖主义的报道和言论增强了我们的受威胁感。的确，从定义上看，恐怖袭击造成的死亡比一般的谋杀更极端、更不寻常，因此它们在"新闻价值"列表中占据了更多的位置，这就决定了它们可以受到多大关注，同样，它们的罕见也意味着我们几乎没有任何直接经验可以借鉴。

第五章　安全可靠　　129

与洗澡、开车或爬梯子等日常活动相比，人死于恐怖袭击的概率显得微不足道。[18] 但正如哈佛大学心理学教授史蒂芬·平克（Steven Pinker）所说："我们对风险的直觉感受不是由统计数据驱动的，而是由图像和故事驱动的。人们认为龙卷风（每年在美国夺去数十人生命）比哮喘（夺去数千人生命）更危险，大概是因为龙卷风能让电视节目更好看。"[19]

*　*　*

更普遍地说，本章的教训再次鼓励我们要对现实更加乐观，特别是对它们正在发生的变化更加乐观。我们不仅有专注于消极事物的内在倾向，还倾向于认为过去的事情更好。这两种倾向都不是愚蠢的，因为它们源于我们强烈的自我保护意识。但它们仍然会把我们引入歧途，在大多数情况下，在大多数国家的大多数问题上，一个更好的起点是，事情没有我们想象的那么糟糕——而且正在变得更好。

史蒂芬·平克在新书《当下的启蒙》（*Enlightenment Now*）中谈到了为什么我们应该更积极地看待我们所取得的进步，而不是基于对现实和趋势的错误认识就毁掉成就，平克展示了无数的图表，其中好事（大部分）在增加，坏事（大部分）在减少。他还引用了巴拉克·奥巴马的话。奥巴马打破了我们的偏见，他曾强调说，说到底，虽然我们今天的世界远非完美，但它比过去更好：

如果你必须选择在历史上某个时刻出生，而你事先不知道你会成为什么样的人——你不知道你会出生在富裕的家庭还是贫穷的家庭、你会出生在哪个国家、你会是男人还是女人——如果你必须闭着眼睛选择什么时候出生，你会选择现在。[20]

第六章　政治误导与脱离

"你知道 1 品脱*牛奶的价格吗?"这是一个"考到你了"的问题,是由可怕的英国广播公司记者杰里米·帕克斯曼(Jeremy Paxman)向当时的伦敦市长鲍里斯·约翰逊(Boris Johnson)提出的。[1]

帕克斯曼就约翰逊所在政党提出的对富人减税的提议向他提出质询,问他 1 品脱牛奶的价格,以表明约翰逊与他本应代表的人民的生活有多么脱节。当约翰逊暗示价格是 80 便士左右时,帕克斯曼立即纠正他说:"不,是 40 便士左右。"约翰逊试图虚张声势,说他在想的是一种"较大"的牛奶,但帕克斯曼一点也不同意,反击道:"这就是典型的鲍里斯,试图转换问题,我只是问了 1 品脱牛奶的价格。"

显然,在平凡的交易背后,坐在家中的观众应该明白,如果约翰逊不知道一个普通家庭购买基本必需品的成本是多少,那他就不应该为降低最高税率的税收计划冲锋陷阵。

第二天,另一位记者问时任英国首相的戴维·卡梅伦(David Cameron)面包的价格。卡梅伦说:"大概值 1 英镑。"当被主持人告知只有 47 便士时(这是极其错误的,实际的价格更接近 1.2

---

*　1 品脱 ≈ 568.3 毫升。

英镑），卡梅伦还咆哮说他有一个面包机，他喜欢自己烤面包，会纠结于面粉种类（如科茨沃尔德脆面粉）和面包机制造商品牌（如松下）的细微差别。

当天晚些时候，鲍里斯被问及面包的价格，他答对了。很显然，英国政府高层内部就食品杂货价格进行了一次疯狂的补课。(事实上，后来有消息透露戴维·卡梅伦确实有一份由事实和数据构成的小表格需要认真研读，其中包括关键的经济和政策数据，比如最新的经济增长数据和最低工资水平，还有20支大号香烟和1品脱啤酒的价格。面包的价格1.27英镑也列在上面，所以他对这些数字很清楚。）

这一系列事件对相关人士来说几乎没有什么启发性，但它凸显出媒体和其他人是多么渴望用可验证和可理解的事实来压制那些老练而狡猾的政客，而这些事实是所有"普通人"都应该知道的。但普通人真的知道吗？

我们向英国公众询问了1品脱牛奶的价格，结果发现许多人都经不起评判。[2] 没错，平均猜测非常接近（当时的）49便士的现实，但1/5的人回答80便士或更多（这一定是鲍里斯喝的那种特供牦牛奶），1/9的人回答29便士或更少（你应该担心任何价格低到这种程度的牛奶——还记得《辛普森一家》中胖托尼的"鼠奶骗局"吗？）。

"接触"现实和公正地代表所有公民是对政客的两个关键要求。但我们的印象往往是他们在误导我们，或者是他们在撒谎。

即使在最基本的方面，比如男性和女性的比例，他们也不能代表我们，他们似乎在利用选民的情绪，只为了自己的利益而不是真正关心民众。政客通常被认为是自私自利、脱离现实的精英，他们不理解我们的担忧，也不打算为我们的利益而执政。

民主赤字

因此，我们中的大多数人不信任整个政治过程也就不足为奇了。更有甚者，我们中相当多的人完全脱离了政治。但事实上我们之中拒绝出现在选举投票站的人并不像我们想象的那么多。当被问及在上次议会或总统选举中有多少有资格的人口参与投票时，所有国家的受访者都低估了本国的投票率水平，其中一些国家——比如法国、意大利和英国——更是如此。

即使在平均猜测接近实际水平的地方（比如美国），许多人的猜测也比实际低得多：例如，1/4 的美国人认为，在 2012 年的总统选举中有 40% 或更少的美国公民投票。

我们低估投票率水平的原因很可能与大肆报道一般选举和特定选举中选民投票率下降有关。它与我们在上一章中关于新闻价值的讨论相呼应。正如马克·富兰克林教授在有关投票率的书中总结的那样："投票率稳定不是什么新闻。投票率小幅上升也不是什么新闻。投票率低或下降是有新闻价值的。"[3] 与此相关的是，在许多成熟的民主国家，二战后的投票率都有所下降，尽管情况往往更加多变,而不是像你看到新闻报道时可能会想到的那种大规模拒绝投票的情形。正如我们从图 6-1 中所看到的,参与投票基本上仍然是一种常态。

我们对投票率水平的错误认知会产生重要的社会影响。正如我们多次看到的,如果我们认为不以特定的方式行事是一种常态,我们自己就不太可能以特定的方式行事,因为我们倾向于模仿多数人或随波逐流。在这种情况下,我们对"常态"的看法往往是错误的,就像在普林斯顿大学喝酒一样,我们的"多数无知"可能会迫使我们认为,多数人会主动拒绝投票,这可能会影响我们的投票倾向。

问:在你们国家,每 100 名合格选民中,你认为有多少人在上次选举中投过票?

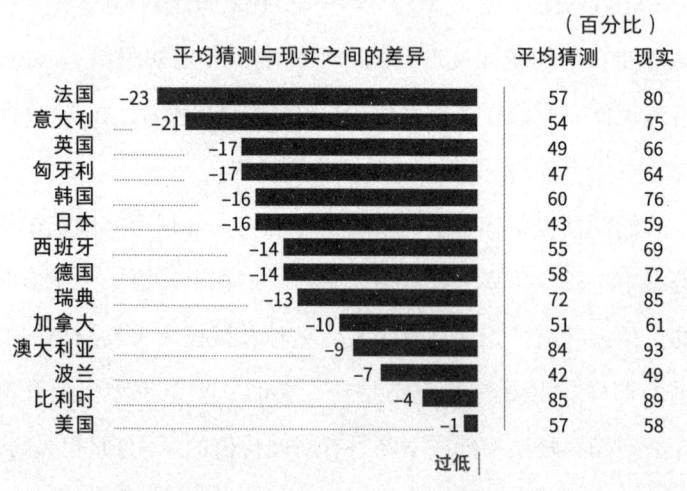

	平均猜测与现实之间的差异	平均猜测（百分比）	现实
法国	-23	57	80
意大利	-21	54	75
英国	-17	49	66
匈牙利	-17	47	64
韩国	-16	60	76
日本	-16	43	59
西班牙	-14	55	69
德国	-14	58	72
瑞典	-13	72	85
加拿大	-10	51	61
澳大利亚	-9	84	93
波兰	-7	42	49
比利时	-4	85	89
美国	-1	57	58

过低

图 6-1 所有国家的民众都低估了在上次全国性选举中投票人口的比例

当然，我们也确实需要考虑投票率下降是不是一件坏事，还是说，这是公民自己的问题。正如富兰克林教授所指出的，一项针对 20 世纪 20 年代投票率水平的早期研究认为，那些悬而未决或"提出了重要问题"的选举，投票率会更高。这样看来，较低的投票率可能反映了一个事实，即政客和政党没有给我们多少有意义的选择。在这种情况下，我们对投票或更普遍的政治问题缺乏兴趣可能是合理的。[4]

"理性的无知"（rational ignorance）一词是由经济学家安东尼·唐斯（Anthony Downs）在 20 世纪 50 年代的《民主的经济理论》（*An Economic Theory of Democracy*）[5] 一书中创造的。他指出，我们对关键的政治和社会现实一无所知是完全理性的，因为了解情况需要时间和努力——如果我们不能通过投票影响任何事情，那它就没有意义了。既然个人投票没有任何影响，我们为什么要花费精力去做呢？

的确，任何一个人影响选举结果的可能性都非常小。根据对过去美国总统选举的计算，这一比例约一亿分之一，如果你碰巧生活在美国较大的一个州的话，这一比例最高可达十亿分之一——比彩票中奖概率要低很多倍。因此，个人的影响实际上接近于零。

"理性的无知"是一个令人着迷的研究领域，它为我们提供了许多历史最悠久的衡量政治无知的标准，在美国，它在 20 世纪 40、50 和 60 年代也得到了大量关注。这些研究衡量了人们对各种"被教导的事实"（政府如何运作，谁对什么负责）和"监

第六章 政治误导与脱离　　137

督事实"（我们需要更新的知识，比如哪一个政党控制了参议院，当前的失业率等）的理解。人们的这种知识——或对这种知识的缺乏——在过去几十年里几乎没有改变：我们现在和过去一样都是错误的。例如，1947年盖洛普（Gallup）的一项调查显示，只有55%的美国人能告诉你哪个政党控制了参议院——而这一比例到了1989年几乎没有变化，只有56%的美国人能猜对。[6]

这一理论也受到了一些批评——主要是提及的那些政治事实可能看起来无关紧要。这意味着一些人低估了它们的重要性——如果人们能够处理更广泛的概念问题，也许不知道事实真相对于一个运转良好的政治体系而言并不那么重要。人们似乎已经习以为常。乔治梅森大学的教授伊利亚·索明（Ilya Somin）认为，如果你不知道谁对什么负责，就很难让政府承担责任。[7]

另一种批评是，这个理论似乎太过理性，鉴于我们已经看到了许多思维过程是多么情绪化和出于本能，这种批评还是有一些分量的。然而，这并没有完全削弱该理论的重要性。正如索明和其他人争论的那样，我们可能并不是有意识地计算是否要知道这些——仅仅是一个模糊的感觉就够了——我们可能在认识的许多人身上可以识别出这种特征。

这么长的一系列调查数据表明，政治无知随着时间的推移会保持相当稳定的状态（当然不会减少），这意味着我们似乎不太可能在未来看到民众政治意识的显著提高。因此，也许我们不应该试图增加知识，而应该减少无知的影响。有人建议，减少影响的主要途径是限制和下放政府权力、向私营部门投入更多资金和允许人们"用脚投票"——也就是说，人们可以搬到更符合他们政治偏好的地区。如果你是一个想少交税的美国人，你可以搬到阿拉斯加或特拉华州，那里的州税比美国平均水平至少低40%。显然，这突出了"用脚投票的民主"可行性的一些问题——在选择居住地背后有许多动机，一些人将比其他人更有能力或更倾向于利用这种制度。

然而，"理性的无知"表明我们缺乏政治知识是一个长期且不变的问题。因此，政治信息的提供并不是主要的缺失因素——如果仔细观察，我们就会发现有大量优质的、准确的信息。这至少是一个需求方面的问题，公民也需要靠自己。

回到我们对选民投票率的讨论，一些人认为政治无知是我们社会的一个重要现实，他们指出，一个人投票的可能性与我们的政治知识水平高度相关。那么，在任何情况下我们都应该关注投票率的提升吗？再者，这也是一个相对合理的分析，它与民主本身一样古老。柏拉图在《高尔吉亚篇》(*Gorgias*)中指出，民主是有缺陷的，因为它根据无知大众的观点制定政策，而牺牲了更有见识、更聪明的哲学家和专家的观点。亚里士多德则更为乐观，他认为大众集合起来比个人拥有更多的信息——基本上，我们之中没有哪个人能像所有人的集合一样聪明。但对无知的担忧依然存在，例如，约翰·斯图亚特·密尔（John Stuart Mill）认为，受教育程度更高、知识更渊博的人应该比受教育程度较低或

第六章　政治误导与脱离　　139

无知的人获得更多投票权。这一观点也指出了一些重要的事实，比如像英国脱欧公投这样的高投票率公投可能存在多大的风险。

这种逻辑也忽视了平等的论点，即所有公民都应该有平等的发言权，而不仅仅是那些我们认为有足够能力的人。人们很容易忘记，在许多国家，女性在20世纪中期或更晚的时候还被排除在投票权之外：法国女性在1944年、意大利女性在1945年、印度女性在1950年、瑞士女性在1971年（令人难以置信）才获得了完全的投票权。这种压制妇女政治权利的做法至今仍有明显的影响，包括女性在领导职位代表权上的悲惨现状。

男人统治的世界？

2018年国际妇女节的主题是"推动进步"（#Press for Progress），强调要实现性别平等我们还有很长的路要走。选择这个主题的一个原因是要回应世界经济论坛2017年全球性别差距报告，该报告指出，以目前的进展速度，世界各地的性别平等（经济机会、教育程度、健康成果和政治赋权这四个关键方面）需要再过217年才能实现！[8]

我们与国际妇女节的组织者合作，就人们对这些令人震惊的现实的看法进行了全球民意调查——发现我们的错误认知非常严重。人们的平均猜测是，经济上的性别平等将在未来40年左右实现，例如，加拿大人平均认为只需要25年，印度人平均认为只需要 20 年，墨西哥人平均认为只需要 15 年。我们的错误认知揭示了一个事实：我们的自满让我们还有很长的路要走。

这种自满体现在我们对全球女性担任领导角色的悲惨现实的错误认知上。在《财富》全球 500 强企业中，女性首席执行官的比例勉强达到 3%，但人们还是认为，现实比上述情况更平等。[9] 人们的平均猜测是，全球最大的公司中有 1/5 的首席执行官是女性。

女性的平等代表权不仅仅是声称世界上一半的人口（女性）是社会的平等组成部分，它还通过揭示日常决策中无意识的性别偏见来改变企业和政府的政策和做法。

以瑞典地方政府为例。瑞典经常下雪，如何清理积雪对人们的生活有重大影响。你可能会想，这和性别平等有什么关系呢？清理积雪的传统方式是先清理环城公路，然后是主干道，最后是较小的道路、自行车道和人行道。首先被清理的区域往往是男性占主导地位的就业区域，比如金融区等。

平均而言，女性开车更少，步行、骑自行车和使用公共交通更多，降雪对步行和骑车有巨大影响，即使是少量降雪都更具破坏性和危险性。这对不同性别的受伤和事故产生了直接影响：事实上，在瑞典，行人发生与雪有关的事故和受伤的可能性是机动车驾驶者的 3 倍，而其中大多数是女性。[10]

几十年来，政治家和官员（大部分是男性）采取的扫雪措施在不知不觉中加剧了性别不平等。之后，一些瑞典市政当局完全

第六章 政治误导与脱离　　141

改变了他们的做法。先清理人行道及自行车道，然后是去幼儿园的路，因为那里是父母（男女都有）上班路上去的第一个地方。较大的工作场所被列为下一个优先级别，其中包括女性占主导地位的工作场所，如医院和市政设施。只有这个区域被清理后，剩下的道路才能清理积雪。按照这种新的优先顺序工作不会增加成本，还可以更公平地分配资源。因此，事故率下降，员工缺勤减少，进而带来更广泛的经济效益。

瑞典特别重视政治代表方面的性别平等，44%的议员是女性。紧随其后的国家是南非和墨西哥，这一比例为42%。这两个国家都是国家立法机构和政党政治承诺显著改变女性代表权的例子。2014年2月，经过多年的游说，墨西哥通过了一项联邦宪法修正案，要求各政党确立"确保在联邦和地方国会选举中候选人提名的性别平等的规则"，这让女性代表的数量创下了纪录。南非没有类似的国家立法，但各政党，特别是占有60%以上席位的非洲人国民大会，做出了大量的自主承诺。同样，非洲人国民大会在推动性别平等方面有着悠久而有趣的历史，2006年他们在地方选举中采用了50%的性别配额，然后在2009年将此举推广到全国选举。[11]

遗憾的是，这些国家显然是例外，研究涵盖的32个国家的平均比例令人沮丧，女性代表比例只有25%左右。在这些国家中，许多国家的比例低得令人难以置信：在巴西、匈牙利和日本，只有10%的议员是女性。

当我们询问人们他们国家的国会议员中女性的比例是多少

时，猜测结果并不像大多数话题那么离谱。事实上，从国家层面来看，平均猜测是 23%，而实际平均值是 26%。但这掩盖了一种模式，即每个国家的民众不是大幅高估就是大幅低估了这一数字。对政治性别平等误解最多的是俄罗斯人，他们认为 31% 的国家层面的政客是女性，事实上只有 14%，但有趣的是，墨西哥人的表现也很糟糕，他们不知道自己有多么进步——他们的猜测是 26%，但正如我们所看到的，事实是 42%。

无论是高估还是低估，我们都不应该对此沾沾自喜。在俄罗斯这样的国家，民众如果没有意识到问题的严重性（或称之为一个问题）就意味着他们不那么关注这个问题，它也就不像在其他国家那样面临变革的压力。同样，在西班牙和墨西哥等国，如果不承认已经取得的进展，就会使其他女性不愿参与或不信任政治决策的合法性，从而给人一种无能为力的错觉。正如我们所看到的，我们是社会动物，我们模仿的是大多数而不是被低估的少数。

大多数公众确实看到了平等代表权的好处：27 个国家中有 61% 的人认为，如果女性在政府和企业中担任负有更多责任的职位，事情会变得更好。这甚至是大多数男性的观点，尽管它也是为数不多的男性和女性观点明显不同的问题之一，有 53% 的男性同意这种观点，而同意这一点的女性的比例为 68%。在许多国家，包括德国、日本、韩国，以及差别最显著的俄罗斯（只有 26% 的男性同意），只有少数男性同意这一观点。在这种背景下，

问：你认为你们国家的政治人物中女性的比例是多少？

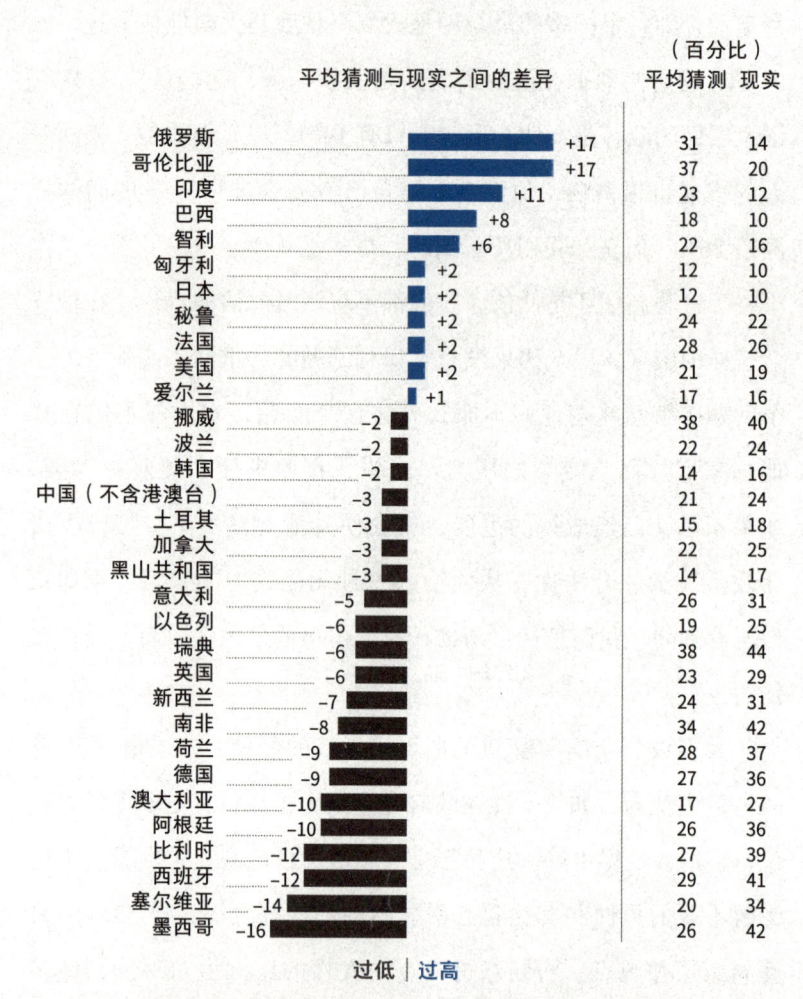

	平均猜测与现实之间的差异	（百分比）平均猜测	现实
俄罗斯	+17	31	14
哥伦比亚	+17	37	20
印度	+11	23	12
巴西	+8	18	10
智利	+6	22	16
匈牙利	+2	12	10
日本	+2	12	10
秘鲁	+2	24	22
法国	+2	28	26
美国	+2	21	19
爱尔兰	+1	17	16
挪威	−2	38	40
波兰	−2	22	24
韩国	−2	14	16
中国（不含港澳台）	−3	21	24
土耳其	−3	15	18
加拿大	−3	22	25
黑山共和国	−3	14	17
意大利	−5	26	31
以色列	−6	19	25
瑞典	−6	38	44
英国	−6	23	29
新西兰	−7	24	31
南非	−8	34	42
荷兰	−9	28	37
德国	−9	27	36
澳大利亚	−10	17	27
阿根廷	−10	26	36
比利时	−12	27	39
西班牙	−12	29	41
塞尔维亚	−14	20	34
墨西哥	−16	26	42

过低 | 过高

图 6-2 不同国家的民众对女性政治人物比例的估计准确性参差不齐

或许可以清楚地看出为什么许多国家的政客（主要是男性）没有在平等代表权方面采取更大胆的行动。

政客总是在计算和平衡他们对不同群体的吸引力，不仅是在性别之间，而且是在各种人口结构之间。伴随着西方大部分地区经济增长缓慢、工资水平停滞不前的情况，近年来特别受到讨好的一个群体是那些经济上的"落后者"。自2008年金融危机以来，包括2016年美国总统选举在内，让政党和领导人"感受到"这个群体所经历的痛苦一直是大多数竞选活动的一个关键目标。

被遗忘的人

唐纳德·特朗普在竞选总统期间多次提到美国的失业率数据，声称失业率实际上高达42%，而不是当时的官方数据5%，这引来了解这些数据的人的嘲笑。这还为他赢得了《华盛顿邮报》事实核查员颁发的四个"匹诺曹奖"（Pinocchio）这一最高奖项——翻译过来就是"弥天大谎奖"。[12] "不要相信那些假数字，"特朗普对支持者说，"这个数字可能是28%、29%，也可能高达35%。事实上，我甚至听说最近已经是42%了。"[13]

后来在一次集会上有一个关于它的竞选片段：

如你所知，失业数字完全是虚构的。如果你找工作找了

第六章 政治误导与脱离 145

6个月就放弃了,他们会认为你真的放弃了。那你就放弃吧。你回家了。你对爱人说:"亲爱的,我找不到工作。"他们认为你在统计层面上是有工作的。事实不是这样的。不过你不用担心,因为问题很快就会自行解决。[14]

这些数字可能是假的,但声明的意思——特朗普试图表达的意思——是明确的:他们放弃了你。因为系统试图隐藏坏消息,所以你被遗漏了。特朗普是在利用一种情绪,这并不是他唯一一次在一系列话题上这么做。例如,当美国广播公司《今晚世界新闻》(*World News Tonight*)节目主持人大卫·缪尔(David Muir)问他:"你认为在没有证据的情况下谈论数百万张非法选票对这个国家来说是危险的吗?"特朗普回答说:"不,一点也不!一点也不——因为很多人和我有同样的感觉。"[15] 情感比现实更重要。或者,正如英国专栏作家马修·德安科纳(Matthew d'Ancona)所言:"他(向他的支持者)传达了一种残酷的同理心,这种同理心不是基于统计数据、经验主义或精心获取的信息,而是一种不受抑制的愤怒、急躁和归咎于他人的天赋。"[16]

当然,美国和其他国家统计局也在监测有关失业和就业不足的许多指标。特朗普挑选的虚假新闻标题符合国际公认的标准,也是世界各国政府最常用的标题。它的目的是用积极求职者的概念取代失业的概念,这有助于进行国际比较,因为大多数国家都关注类似的衡量标准。

而其他公认的定义包含了许多对失业有更广泛理解的衡量标准，因此拉高了失业率数字。例如，一些人统计了那些想要全职工作但被迫接受兼职工作的人的数量。不过这些数字都与特朗普所说的数字相距甚远。

事实上，在美国，要达到 42% 的失业率的唯一方法是将所有儿童照料者、学生和退休人员统计在内。这显然不是一个有用的衡量标准。当然，特朗普考虑的不是方法本身，而是人们从他的声明中获得的意义。

公众认为他们国家的失业率是多少？有趣的是，来自 14 个国家的答案往往更接近唐纳德·特朗普的猜测，而不是现实！每个国家的人的平均猜测都比实际数字高得多，就连最准确的德国人也猜测 20%，而当时的官方数据是 6%。

意大利的错误最严重——意大利人认为他们有 49% 的人口处于失业和找工作的状态，而当时的实际失业率为 12%。这是一个非常高的实际失业率，但还不到劳动年龄人口的一半。美国受访者的猜测接近特朗普抛出的一些（许多）数字，为 32%——而且这项调查是在总统竞选之前很久进行的。

当然，就像任何要求人们选择一个数字的问题一样，我们对失业率的猜测可能会受到我们头脑中所做调整的影响，我们会对冲我们的赌注，并尽量靠近中间的范围。即使将心理物理学效应考虑在内，意大利和韩国的表现仍远远超出我们的预期。即使是在美国，心理物理学模型表明，我们调整后的猜测只比我们预期

问：在你们国家，每100名劳动年龄人口中，你认为有多少人失业并在找工作？

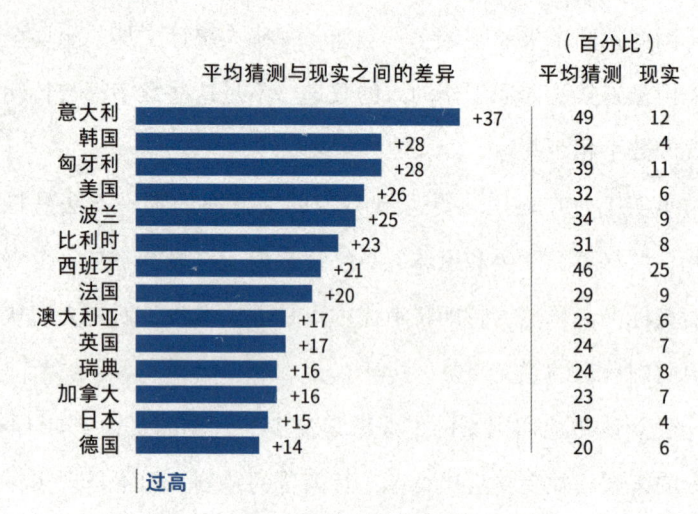

	平均猜测与现实之间的差异	（百分比）平均猜测	现实
意大利	+37	49	12
韩国	+28	32	4
匈牙利	+28	39	11
美国	+26	32	6
波兰	+25	34	9
比利时	+23	31	8
西班牙	+21	46	25
法国	+20	29	9
澳大利亚	+17	23	6
英国	+17	24	7
瑞典	+16	24	8
加拿大	+16	23	7
日本	+15	19	4
德国	+14	20	6

过高

图6-3　每个国家的失业率都被严重高估了

的略大一点，但许多人的预测要离谱得多。例如，1/5的美国人认为有61%或更多的人口处于失业状态！

因此，我们的情绪反应似乎仍然发挥着重要作用，一些人高估了他们担心的事情的发生概率。我们知道失业是人们真正关心的问题。我们每个月都会跟踪调查他们最担心的问题是什么，失业问题是我们对26个国家进行的全球调查中关注度排名第一的问题。自2008年金融危机以来一直如此。在一些国家，如意大利和西班牙，大约2/3的人口认为这是国家面临的最重要的问题。

威斯康星大学麦迪逊分校（University of Wisconsin-Madison）的政治学教授凯西·克拉默（Kathy Cramer）是《怨恨的政治》

（*The Politics of Resentment*）一书的作者。她根据对威斯康星州农村地区选民的采访撰写了这本书，并于2016年出版。当时她发现的许多趋势还没有得到广泛关注和讨论。克拉默指出了美国政治怨恨的三个关键方面，这同样适用于许多国家的部分人群。在这些经济不稳定的社区中，有很大一部分人认为他们没有获得公平的决策权、资源或尊重（从某种意义上说，他们面临的挑战和做出的贡献没有得到充分的认可）。

2016年选举结果公布之前，克拉默在接受《华盛顿邮报》采访时强调，从她的研究来看，事实和政策不如意识到这种担忧重要。我认为，我们经常把精力放在弄清楚人们在特定政策上持有怎样的立场上，不如把精力投入到试图理解他们看待世界的方式以及他们在其中所处的位置上，进一步理解他们如何投票或候选人如何吸引他们注意……我不认为你要做的是给人们提供更多的信息，因为他们会用自己已有的视角解读它。人们只会从他们尊重的来源接受事实。[17]

克拉默描述的是定向动机性推理，以及与之相关的确认偏见和不确认偏见，我们在本书中已经谈到过。从其他的政治分析中，我们可以找到长期证据证明领导力对人们来说比政治人物的政策立场更重要：如果我们喜欢的政治人物改变观点，我们也会相应改变，而不会更换我们喜欢的领导人。[18] 这有点像我们与品牌的关系：不断地评估和改变太费时、太费钱。

这些观察虽然很重要，但仍然经常被人们忽视。如果认为人们的身份是如此固定和强大,而且向他们提供进一步的信息是毫无意义的,那就太绝对主义了。显然,人们确实会根据所见所闻更新他们对领导人和政党的看法。我们的偏好是通过信息和信念之间的平衡形成的,这反映在我们对证据和信念的态度上。

我们询问英国人,他们认为自己和其他人是如何在政党提出的不同政策之间做出决定的——他们的观点主要是基于证据,还是更多地基于他们认为怎样做是正确的,或者两者兼而有之?我们问,他们认为自己和其他人实际上做了什么,还有他们认为应该如何做决定。当然,这是对复杂互动的一种非常简单化的描述,但我们感兴趣的是人们对两者之间平衡点的整体感知。其中的模式显而易见:我们更倾向于认为其他人是凭直觉行事的,而我们是经过了权衡的,试图把证据和信念都考虑进去。这也是我们认为的理想状态:41%的人表示做决定应该同时考虑证据和我们认为正确的东西,26%的人认为应该更多地依靠证据,只有13%的人认为应该更多地依靠直觉判断什么是正确的。[19]

我们接着对政客提出了同样的问题,持不同观点的人比例几乎差不多——我们并不认为所有的政客都是理论家,只会在所有证据面前追求正确的东西。我们对政客应该如何行事的理想看法与我们对自己的看法非常相似:更强调决策基于事实而非信念,但同时也要认识到两者之间存在一种平衡。

这是不是我们实际做出判断的方式显然值得商榷,但明智的做法是:我们需要更好地认识到我们的身份在塑造我们如何看待现实和我们的政治偏好方面的重要性，但这并不能完全否定证据和事实的重要性。

在过去几年里，关于政治风险的讨论往往是关于这种平衡是如何被打破的，它们关注的是身份政治的发展，以及我们如何日益分化成不同的群体，而对我们选择的政党或领导人的失败视而不见。然而，重要的是要认识到，我们实际上并没有更稳定地选择某个政党政治集团。我们可以从图6-4中看到这一点，这是荷兰民众的趋势数据。这里的问题是关于人们是否对某个特定的政党感兴趣——不是他们是否对政治整体感兴趣或对选举投票感兴趣，而是他们是否对一个政党有强烈的归属感。我们的统计是

问：你是否感觉对某个特定的政党比其他政党要更亲近？

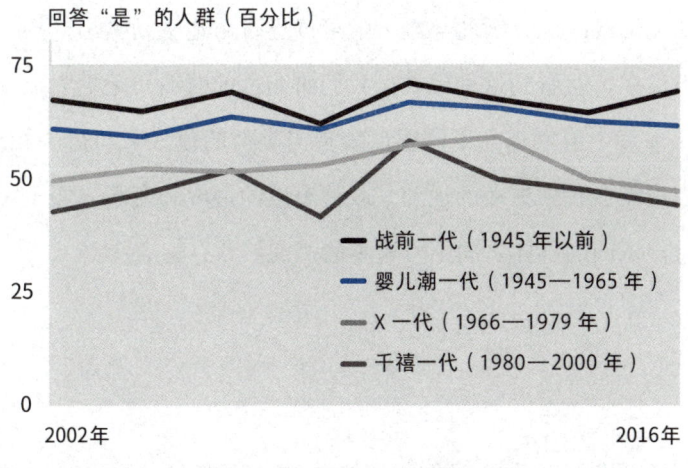

图6-4 荷兰的年轻一代似乎不太忠诚于某个特定的政党

按照不同的世代来划分的，也就是说不是按年龄来分，而是按群体来分。这是一种非常有用的预测未来的方法：人口平衡正在缓慢地从顶层的稳定变老（和走向死亡）的老年群体，向底层的最年轻群体转变。

这种模式再清楚不过了：年轻一代不太可能说他们对某个特定政党有归属感。不仅如此，每一代人的曲线都相当平直，这表明我们在很小的时候就在很大程度上融入了社会，并且这种态度一直不会改变。事实上，如果我们要寻找一个人们固守自己的政治原则、坚定地支持自己政党的时代，那只能回到过去了，当时这些群体占了人口的大部分。而现在和未来看起来更加多变。

当然，这并不是说身份政治退潮了或不重要，但它确实意味着政党不能像以前那样指望公众的绝对支持。就业和社会结构，如工会和宗教，曾经使政治派别成为一种容易的选择，它们现在正在瓦解或改变，因此年轻一代可以更自由地主动做出选择。我们不仅在荷兰看到这种模式，我们研究过的欧洲乃至更大范围内的几乎每个国家都在不同程度表现出类似的模式。与过去相比，我们可能会看到更多的运动、政治忠诚的形成和变革，而不是不同身份认同的群体之间不可逾越的鸿沟。

* * *

情感和身份对于我们如何看待政治现实和政客来说至关重

要。在某种程度上,这一点在一些政治讨论中被低估了,这些讨论想象人们在选择政党和领导人之前会冷静地权衡政策偏好,并且人们应该做出这种权衡。它凸显了政客们能够在很大程度上迎合我们的情绪,而很少谈及现实,并误导了我们。这并不意味着证据被完全忽视,事实仍然重要,我们确实会改变自己的想法。

事情的变化也不像一些人描绘的或我们认为的那样大。我们没有以我们认为的速度审视政治,我们在政治上并没有比过去更愚蠢,我们也没有像过去那样僵化成庞大的意识形态集团。

但我们在代表权方面的进展也没有我们想象的那么快。在如此多的国家中,女性仍然平均只占政治代表的1/4,这一数据让人震惊。不同国家的不同情况也会让人震惊,一方面是某些国家的女性代表比例低得离谱,另一方面,更令人鼓舞的是,随着关注和行动,女性代表比例可以在很大程度上快速地得到改变。我们需要警惕自满情绪,警惕认为代表权和平等的改善比实际情况要快——了解我们所处的位置对于了解我们还有多远的路要走来说至关重要。

第七章　英国脱欧和特朗普：一厢情愿和错误认知

毫无疑问，2016年的英国脱欧公投和美国总统竞选将是任何人都会联想到的与误导和误解有关的事件。关于什么是真的、什么是假的、什么是合理的、什么是误导的，已经有了无数的研究，未来几年还会有更多的研究。

在这一章，我们将最直接地审视"假新闻"是否已经站稳了脚跟，以及我们是否生活在一个"后真相"时代——或者"假新闻"比以往任何时候都要多的时代。记者兼作家马修·德安科纳在他关于后真相政治的书中展示了一个充满激情的案例，现在情况有些不同了，他认为这种转变与其说源于政客的行为，不如说源于我们的反应："新出现的不是政客的谎言，而是公众对此的反应。愤怒让位于冷漠，最后是勾结。"[1]

我不确定我们是否有足够的证据证明我们今天的反应与过去有质的不同，我们在过去更容易愤怒并采取行动——这种观点带有一丝"美化回忆"的意味。这并不是说什么都没有改变，也不是说这两个重大的政治事件并没有作为重要的案例帮助我们理解我们的错误认知，以及它们是如何被我们原有的信念和一厢情愿的想法驱动的。

欧盟全民"哑"投

英国、德国、法国或者意大利,谁对欧盟的预算投入最多?我敢打赌,很少有人认为答案是英国。每当我展示这些选项时,最多只有几个人选择英国,可能是因为他们听错了问题。

然而,在全体英国公众中,近 1/4(23%)的人表示他们认为英国投入的最多。当然,他们错了,答案是德国,德国的贡献是英国的两倍。事实上,英国排在最后,法国和意大利的贡献比英国更多。即使是对这个问题在技术层面上的误解(显然这个问题背后有其复杂性)也无法解释这一点。无论你如何削减——即使是在退税前(英国每年都从欧盟获得一笔退税,这是由玛格丽特·撒切尔在1985年商定达成的),即使你计算的是人均金额,或者考虑的是净投入,不管你以哪种方式看,英国在投入方面都远远落后于德国。

"只要告诉我们事实,我们自然会做出决定",这是公众在脱欧公投运动开始时发出的呼声。我们在调查中询问人们是否同意这一点,因为人们倾向于认为自己是理性的行为者,所以他们说他们同意。[2] 但是,不管你对结果的看法如何,运动人士显然没能把事实说清楚,在英国对欧盟的预算投入这一关键问题上尤其如此,而这一直是欧盟成员国身份中最令英国人恼火的一个地方。

显然,认为脱欧决定完全基于"事实"的想法是天真幼稚的。认为英国投入更多，是一个非常明显的"定向动机性推理"的例子，再一次说明这是由更深层次的情绪反应驱动的。正如伟大的心理学家丹尼尔·卡尼曼在英国公投结果揭晓之前所指出的那样，英国脱欧中的情感因素和事实因素一样多。他说，投票之前几周里的"恼火和愤怒"可能会导致英国脱欧。"观察这场争论给人的主要感受是，退出的原因显然是情绪化的。"[3] 事实证明这个观点是多么有先见之明。

有各种各样的原因让我们受到"愚弄"去相信那些不真实的事情。我们做错事是因为别人——媒体、同侪、政客——愚弄了我们。但是，当思考我们周围的世界时，我们往往是在"愚弄"自己，依靠错误或一厢情愿的想法，而非事实。我们有动机以特定的方式使用这些事实，而要抵制这种冲动比看上去更加困难。

耶鲁大学法学教授丹·卡汉（Dan Kahan）对此给出了更令人吃惊的证据。他要求1000多名美国人审查一项科学研究的数据，并推断其结果的意义。研究人员向一些受试者展示了一张数字表格，上面显示了一种"治疗皮疹的新药膏"的有效性，而向另一些受试者展示了一张数字相同的表格，上面标着一项"禁止公民在公共场合携带隐蔽手枪的新法律"的有效性。在图表中的一些地方，药膏或法律改善了现实情况；在其他一些地方，它们反而让事情变得更糟。

许多人在这两种情况下都犯了数学错误（再次证明了我们

的大脑难以处理统计数据），但令人惊讶的是，更多人可能会误解持枪数据。即使是那些所谓"计算能力很强"的人——上过更多数学课或在数学领域工作——也更有可能出错。这是为什么呢？他们的政治信仰超过了他们的数学能力：更多左翼的民主党人说枪支管制法起了作用，而图表显示它并不怎么起作用；更多右翼的共和党人说枪支管制法不起作用，尽管图表显示它起了作用。[4]

这与其他研究的结果一致，即当人们被问及与所在政党的官方立场不一致的问题时，他们需要更长的时间才能回答——这表明与我们的信念相悖需要"额外的认知努力"（additional cognitive effort）。[5]

卡汉的分析具有深远的意义——单凭我们的统计或批判性推理能力并不足以防范我们的动机性推理，事实上，甚至可能使情况变得更糟，因为我们有更多的工具来扭曲数据以符合我们的世界观。

同样，虽然这是一个至关重要的见解，但同等重要的是并非每个人都是这样做的，只是人们更有可能这样做。有时你会看到人们对这些发现的讨论结果，仿佛这个里程碑式的实验证明我们完全是自己信念的奴隶，而批判性思维根本没有起任何作用，但实际的发现和结论更加微妙。

在脱欧公投中，除了关于英国向欧盟投入多少预算的猜测，我们还看到了更多一厢情愿的想法。我们抽样调查了一些英国人，让他们估算外国在英国投资的每 100 英镑中，有多少来自欧洲，有多少来自中国。

公众对欧盟国家在英国的投资金额的判断并没有差得很远。他们猜测的平均比例为 30%，而实际数字为 48%。人们低估了英国与欧洲经济联系的紧密程度，但他们明白，这是进入英国的外国投资中的最大组成部分。那些表示将投票支持脱欧的人猜测的比例较低（25%），但降低的比例也不是很大。正如卡尼曼对投票的解释所表明的，人们并非全然看不到欧盟对经济的可能影响，只是被其他更情绪化的担忧所压倒，我们稍后会讲到。

在中国投资问题上的错误更大。人们认为进入英国的直接投资的每 100 英镑中有近 20 英镑来自中国，而实际上只有 1 英镑。在竞选期间，中国作为未来合作伙伴的重要性被夸大了。"我们可能会牺牲一些与欧盟的紧密联系，"脱欧运动的一则信息显示，"但这将让我们有时间与其他增长更快的全球经济体达成贸易协议和获得投资。"这就是脱欧运动所定的基调，但即使人们没有听到这些信息，他们也会对中国经济的规模和增长率有一个大致的认识。

中国也在英国进行了一些非常引人注目的投资，特别是在基础设施和能源领域，它们成了全国性的新闻。这些通常被部分人认为是对英国主权的威胁或风险，但正因如此，考虑到"负面信息"的影响更大，人们才更容易认同这种想法。具有讽刺意味的是，这一威胁很可能强化了这样一个信息：在民众认知中，中国

问：2014 年，对英国的国际投资为 10340 亿英镑。据你所知，你认为总金额中有多大比例来自以下地区？

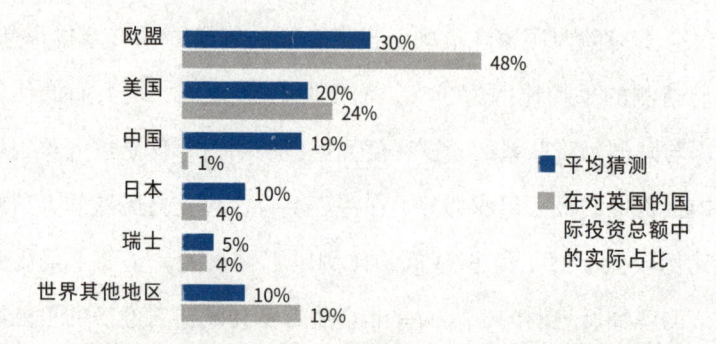

地区	平均猜测	在对英国的国际投资总额中的实际占比
欧盟	30%	48%
美国	20%	24%
中国	19%	1%
日本	10%	4%
瑞士	5%	4%
世界其他地区	10%	19%

图 7-1　英国民众普遍低估了欧盟对英国的投资，高估了中国对英国的投资

对英国经济的重要性高于目前的实际情况，而英国对欧洲的依赖程度低于实际情况。

欧盟香蕉案

英国对欧盟的错误认知甚至延伸到了在其他国家的一些民众（以及英国国内的许多人）看来可能很疯狂的话题上。在脱欧公投期间，几乎没有人会想到香蕉会在几天内成为竞选议题。但遗憾的是，关于欧盟是否真的在整个欧洲大陆禁止售卖弯曲的香蕉，并因此剥夺上帝赋予英国人吃他们喜欢的任何形状的黄色水果的权利，针对这一问题的争论由来已久。这要追溯到 1994 年《太阳报》的一个引人注目的标题"现在他们真的疯了——欧洲老板禁止售卖过于弯曲的香蕉",这篇文章还提供了一条香蕉热线,以供关注此事的读者拨打。[6]

多年来,这个话题一直受到小报的关注,直到被前伦敦市长鲍里斯·约翰逊引入脱欧公投运动。在斯塔福德的一次集会上,他一如既往地夸夸其谈,语气强硬地说:

> ……荒谬的是,你不能卖超过两三根一串的香蕉,你也不能卖曲率不正常的香蕉,这不是一个超国家机构可以对英国人民发号施令的问题![7]

在那之后的几天里,香蕉成了鲍里斯关注的焦点——他身后跟着一名穿着大猩猩服装的人,他同时也在各种采访和辩论中受到了质疑。他的回答表明了他的意思:

> 你知道欧盟有多少关于香蕉的指令吗?有4个。我们需要那些指令吗?

如果以事实为基础,鲍里斯对一串香蕉的数量的看法完全是误导。上述指令是,如果你是批发商,你不被允许将香蕉分成两根一串或三根一串——它们必须是单个的、四根一串或更多根一串。但零售商实际上并没有受到影响,它们可以出售任何数量的香蕉。

关于香蕉的曲率问题，它基于一项真实的法规，即欧盟委员会第 1333/2011 号条例，它规定了进口香蕉的最低标准——包括它们应该基本上"没有畸形或曲率异常"。但"曲率异常"并不是指比平均水平更弯曲。该规定的目的是阻止进口商将形状特别畸形的香蕉用标准尺寸包装运输，或者运送形状怪异到无人购买的香蕉。[8]

我从未想过我的职业生涯会在研究香蕉法规时达到巅峰，但在某种程度上这正是我的意义所在。鲍里斯强调的是，欧盟法规涉及的细节显然是荒谬的。这是一个生动的故事（没有比香蕉更生动或更滑稽的了），以惯常的热情方式讲述（这与社会科学家所说的"流利性启发式"有关，这意味着我们更关注讲得好的故事），但也与一个真实的、更广泛的担忧有关，那就是英国的主权（并引发这样的怀疑：如果欧盟干预高钾水果，他们还会瞎搞什么？）。

当然，这里存在明显的误导。这类措施可能看起来很荒谬，但在英国和欧盟的法规中都存在，而且往往有很好的现实理由。但很多人都坚持这一点：当我们调查"欧盟相关谣言"时，1/4 的公众相信存在这一禁令。[9]英国广播公司政治节目《问题时间》（*Question Time*）的一名观众称，香蕉问题是导致她从留欧转脱欧的标志性问题。[10]

在所有构成公投运动关键部分的"事实"中，也许最著名的是英国每周向欧盟支付 3.5 亿英镑。它被贴在公共汽车和海报上，通常在关键竞选者（包括斯塔福德的鲍里斯）发言时贴在他们身后。这导致人们在整个竞选过程中对这个数字产生了令人惊讶的记忆：我们的民意调查显示80%的人听说过这个数字。[11] 不仅如此，对这个有争议的数据，人们的信任度高得令人难以置信——一半的人认为它是真的。

在政治家诺曼·兰姆（Norman Lamb）的要求下，英国国家统计局（UK Statistics Authority）详细分析了计算方法：首先是总贡献3.5亿英镑；然后概述了退税后的数额，是2.8亿英镑；减去英国公共部门机构从欧盟直接获得的资金，净数字是1.8亿英镑；最后，减去欧盟向英国非公共部门机构支付的类似款项后的净数字是1.2亿英镑。[12]

最后一个数字可以说更公平地反映了英国"每周向欧盟支付的资金"，因为剩下的2.3亿英镑直接回流到英国。但鲍里斯·约翰逊对此仍然不太关心，以至他在2017年9月再次提到了3.5亿英镑。这促使英国国家统计局发来另一封信，称他们"感到惊讶和失望"[13]。但鲍里斯在2018年1月又回来了，他说："公交车的一侧出了问题。我们严重低估了我们能够夺回控制权的金额。"这是对英国在2021年完全退出欧盟时每周的总贡献金额可能上升到4.38亿英镑的回应。他接着说，其中大约一半可以用于公共服务，英国国民健康保险（NHS）排在首位。[14]

这种对虚假数据的关注很重要，但它没有抓住重点。当时的英国独立党领袖奈杰尔·法拉奇（Nigel Farage）在竞选后被人质疑使用该数据时，他说：

> 当你拥有自己的军队并面对敌方的军队时，考虑到我们所面对的情况的严重性，你绝不会背刺自己的军队。每周净数字为 3.5 亿英镑。他只是使用这个数据，就足以让选民相信我们实际上浪费了一大笔钱。[15]

法拉奇对净数字的解读完全错误，但对民众情绪的解读是正确的。无论如何，这些数字对我们几乎所有人来说都是不可想象的。它们反映了一个事实：英国付出的比获取的要多。当然，这只是部分情况，因为欧盟成员国身份还会带来其他经济利益，但这是无形的，也是难以讲清楚的。

留欧派和英国财政部用一个关键数字进行了回击，该数字试图捕捉这种更广泛的经济影响，称如果英国真的退出欧盟，到 2030 年每个家庭的年收入可能会减少 4300 英镑。从理论上讲，这似乎是一个有分量的数字。这是对我们个人财务状况的影响，它关注的是损失——我们知道我们对损失有一种强烈的厌恶情绪。虽然我们对损失的感觉比对收入更强烈，但它没有 3.5 亿英镑那样的影响力。事实上，只有 17% 的人相信这是真的[16]，与一半的人相信 3.5 亿英镑相比，这个数据微不足道。

原因可能有很多。首先，这个数字是前瞻性的，而不是当前正在发生的事情。要让人们相信预测总是比较困难的，尤其预测的还是十多年后的情况，而且人们怀疑这些预测背后还有既得利益的因素。其次，这个数字对大多数人来说都不可信。它基于一个模型，该模型表明，到 2030 年，脱欧后英国经济规模可能比留在欧盟时小 6.2%，然后用这个数字除以家庭总数，尽管这一负担显然不会由每一个家庭平均承担。在一个平均年薪为 2.5 万英镑的国家，这个平均金额似乎令人难以置信。

总的来说，脱欧公投运动本应注重事实，但事实并非如此。我们不应该自欺欺人，认为任何一方都这么想。留欧运动被反对者称为"恐惧计划"（Project Fear）是有原因的——因为当你反对改变时，关注潜在成本通常是一个很好的策略。在大多数情况下，社会科学家认为，人们在做出这些类型的决定时会产生"现状偏见"（status quo bias），它源于我们对未知的内在恐惧。可以说，这种效应在英国脱欧公投两年前的苏格兰公投中发挥了作用——有一种看法认为这种效应通常会影响决策，尽管更全面的调研证据显示，这一点并不像一些人认为的那么明确。民意调查学者斯蒂芬·费舍尔（Stephen Fisher）和艾伦·伦威克（Alan Renwick）收集了自 1990 年以来举行的超过 250 次全民公投的数据，发现做出改变的选项实际上赢得了 7/10 的选票（尽管只有 40% 的提案获得通过，因为要符合一些额外要求，结果才能被认定为有效）。他们还研究了最终民意调查和最终结果之间的关系，发现尽管一直有转向维持现状的微小波动，但没有理由相信最后的波动会确保最终的结果转为留欧。"现状偏见"是许多预测者的模型的假设，也是这些模型比民意调查的数据错误更多的原因：它们将这种偏见纳入考量，但这种偏见并没有真的发生。[17]

对留欧阵营的批评主要集中在它对事实的过度使用上——例如，脱欧阵营的领导人之一亚伦·班克斯（Arron Banks）说："留欧派的特点是事实、事实、事实。它就是不起作用。你必须和人们建立情感上的联系。"[18]这是非常重要的一点，但这只是故事的一半：他们确实没有在留在欧盟的号召中建立情感联系，这是竞选中最重要的弱点，而事实的偶然性和不确定性也对他们造成了伤害。正如一位学者当时所说："未来是没有事实可言的。"[19]

我们应该对政客的预测持怀疑态度，这是可以理解的，甚至是明智的。也许更不能原谅的是，我们中的许多人很容易被完全编造的关于过去的"假新闻"故事所欺骗。

真正的假新闻

唐纳德·特朗普与"假新闻"的讨论密不可分，这不仅是因为他在2017年的一次电视采访中（莫名其妙地）声称自己发明了"假"这个词[20]，还因为他与许多真正编造的故事有关，这些故事引发了人们对假新闻现象的关注。我们为BuzzFeed（该网站对假新闻的真实性做了一些最好的研究）设计了一项调查，调查美国人对2016年最引人注目的假新闻的看法——关于特朗普总统和总统竞选的话题比其他任何问题都多，这并非巧合。[21]

这些故事打动了相当一部分美国人。例如，大约 1/5 的美国人看到了三个完全虚构的故事：教皇方济各支持特朗普；一名反对特朗普的抗议者获得了 3500 美元；特朗普派自己的飞机去营救 200 名海军陆战队队员。

获得教皇认可的故事特别有创意。这篇文章最初出现在一个名叫"WTOE 5 新闻"的网站上，该网站现在已经不存在了，它声称这是一个讽刺事件，然后被假新闻出版商"终结美联储"转载。根据 BuzzFeed 的数据，这条消息在脸谱网上有近 100 万的阅读量，尽管所有消息来源都已被删除。它实际上是一个相当平淡和直接的声明——没有讽刺的扭曲或明显的荒谬企图。教皇的本意是他不是作为教皇支持特朗普，而是作为一个"关心世界的公民"，把这种支持与一个强大和自由的美国的需要联系在一起。

美国人不仅看到了这些报道，他们还相信了这些报道：64% 的人相信教皇为特朗普背书（包括 46% 的希拉里支持者），79% 的人相信反对特朗普的抗议者是有报酬的，84% 的人相信特朗普的私人飞机拯救了海军陆战队。[22] 这不是对社会现实的错误估计，也不是对至少有一点真实性的统计数据或陈述的信任——他们相信完全虚构的无稽之谈，更类似于相信阴谋论、都市神话和"安慰剂错觉"（placebo misperceptions），它们已经成为大量学术研究的主题。

安慰剂错觉是指受访者声称自己对一些虚构的说法有一些了

解或看法，而他们之前不可能接触过这些观点或者说法（因为它们是虚构的）。例如，在一项研究中，33%的美国人说他们相信美国政府在掩盖"北达科他州撞车事件"（查普曼大学的研究人员捏造的事件）[23]；另一项研究是由英属哥伦比亚大学的心理学教授德尔罗伊·保罗赫斯（Delroy Paulhus）进行的，他要求受访者对150个不同话题的知识进行自我认知评估，从拿破仑到双关语，但也有一些完全是他编造的例子，如"choramine"和"El Puente"。受访者声称至少对44%的真实话题有所了解，但也声称对25%的虚构话题有所了解。[24]

这似乎是我年轻时最讨厌的残忍把戏之一，但就像我反对的其他实验一样，它有一个尤其重要的目的，那就是强调我们在引言中讨论的无知和错误认知之间的界限是多么模糊。事实上，几十年来，我们自己也在政治民意调查中做过类似的研究。自20世纪80年代以来，我们把斯图尔特·刘易斯（Stewart Lewis，他之前是我们公司的研究主管，现已退休）与真正的政客混在一起，定期要求人们给他打分。大约20%的人总是声称对斯图尔特有一些看法，尽管他从未进入过真实的候选人名单。

当然，玩弄我们对完全虚构的事实做出反应的意愿一直是讽刺作家的焦点，借以强调我们对名人和权势人物的轻信，我们的道德恐慌倾向以及我们对一无所知的事物发表意见的需要。在英国，由克里斯·莫里斯（Chris Morris）和不同的合作者在20多年前开发的一系列讽刺节目，从《准点》（*On The Hour*）到《今日》

（*The Day Today*）再到《火眼金睛》（*Brass Eye*），都是突出和预测这些趋势增长的杰作。最臭名昭著的事例是骗政客和名人参加编造的竞选活动的事件。政客和名人认真地对着镜头讲述了"蛋糕"的危险，这是一种合成药物，据称会影响大脑中被称为"沙特纳巴松管"（Shatner's Bassoon）的部分，让使用者"哭出体内所有的水分"。一位政客甚至向议会提出一个问题，关于英国如何应对这种日益增长的威胁。[25]

当然，这样的例子远远超出了荒谬的范围。但更广泛的观点是，我们早就知道，我们如果有足够的动机就会接受完全错误的事情。

"后真相"是2016年的年度词汇，"假新闻"是2017年的年度词汇——但在13年前，斯蒂芬·科尔伯特（Stephen Colbert）在美国节目《科尔伯特报告》（*Colbert Report*）中选择了"伪真相"（truthiness）作为他当天节目的第一个单词。在此之前，"伪真相"一词已经存在了一段时间，它在那时被更精确地定义为：基于某些人的直觉或感知，不考虑证据、逻辑或事实，而相信或断言某一特定陈述是真实的。科尔伯特当时的一次采访解释了为什么他认为这一点很重要：

> "伪真相"正在撕裂我们的国家，我不是指关于谁发明了这个词的争论。我不知道这是不是一个新的事物，但它肯定是一个当前的事物，在其中事实是什么似乎并不重要。过去，

每个人都有权发表自己的观点，而无权定义他们自己的事实。但现在情况不同了。事实一点也不重要。感觉就是一切。这是必然的。人们喜欢乔治·W.布什，因为他作为领导人对自己的选择很有把握，即使支持他的事实似乎并不存在。事实上，他确信他受到这个国家某些地区的欢迎。我真的感受到了美国民众的两极分化。什么是重要的？你希望什么是真的，还是什么本身就是真的？[26]

科尔伯特的这番话在一定程度上是对2004年《纽约时报》上罗恩·萨斯金德（Ron Suskind）的一篇文章做出的评论。萨斯金德在文章中引用了白宫一名匿名助手的话，后来人们确认这名助手是布什总统的高级顾问卡尔·罗夫（Karl Rove），但他否认了这一说法。以下是该文的节选：

这名助手说，像我这样的人属于"基于现实的群体"，他将这种群体定义为"相信解决方案来自对可识别的现实的明智研究的人"。他接着说，世界已经不再是这样运转的了。我们现在是一个帝国，当我们行动时，我们创造了自己的现实。当你们研究那个现实时——明智地，你们会的——我们会再次行动，创造其他新的现实来给你们研究，事情就是这样解决的。我们是历史的演员，而你们，你们所有人将会留下来学习我们的作品。[27]

这件事变得臭名昭著，自由主义者自豪地在他们的网站上补充说，他们是"基于现实的社区"的一部分。美国摇滚国民乐队 The National 将其收入他们的歌曲《撤回》（"Walk it Back"）中，适时地将它发扬光大。他们承诺给萨斯金德版税分成，但实际上是想给罗夫，提醒他"我们知道你说过这话"。

关键是，这在我们这个时代并不新鲜，也不唯一。2017 年，库尔特·安德森（Kurt Andersen）在《大西洋月刊》（*The Atlantic*）上发表了一篇措辞严厉的文章，题为《美国是如何失去理智的》，概述了我们对事实的松懈态度已经形成了多长时间：

> 将史诗个人主义与极端宗教混在一起，将演艺事业和其他一切事情混在一起，让这一切发酵几个世纪，然后把它放到什么都可以做的 20 世纪 60 年代和互联网时代。结果就是我们今天所居住的美国的状态，现实和幻想奇怪而危险地模糊和混合。[28]

虽然我们不应该认为过去是一个真实和理性的黄金时代，但目前的沟通环境确实与以往有很大不同，并带来了新的威胁，这些威胁与我们已知的许多偏见一起发挥作用，其影响之大是人们以前无法想象的。在下一章中，我们将讨论通信技术的发展对这一点的影响。

在过去和现在的政治问题上，我们往往不善于准确地辨别什么是真的、什么是假的，我们对政客的预测深表怀疑，其中一个重要原因就是日益混乱的沟通环境。但我们自己能更好地预测政治未来吗？

群体的智慧和一厢情愿

关于大众如何能比专家更好地预测结果，有非常丰富的文献，最著名的是詹姆斯·索罗维基（James Surowiecki）的《群体的智慧》(The Wisdom of Crowds)。在这个问题上，索罗维基列举了一个经典的例子，说明如果有一大群人试图估测罐子里的软糖数量，所有人的平均猜测就会比单人的猜测更准确。[29] 这种想法已经有很长的历史，可以追溯到 1907 年弗朗西斯·高尔顿（Francis Galton）在一个县集市进行的著名实验，参与者需要猜测一头牛的重量——参与者猜测的平均数几乎就是公牛的重量，因为每个人的猜测误差相互抵消了。

公平地说，索罗维基也指出了群体是如何犯错、如何轻易被动摇的。但要预测政治结果，就要特别注意群体的情况——有人声称，由真人参与、拿真钱冒险的博彩市场比民意调查或模型更准确。

在《群体的智慧》出版后，政治民意调查界对询问人们对未来的看法是否能成为比询问他们的投票意图更准确的预测指标很感兴趣，这并不奇怪。有些早期的令人欣慰的迹象以及 2010 年英国大选中一位民意调查员的实验表明，基于"群体的智慧"的方法将产生有史以来最准确的最终民意调查结果。但是，就像政治民意调查中经常出现的情况一样，新方法只是碰巧碰上了正确的选举结果，并不能在几次选举中保持下去——无数基于推特聊天或 Xbox 游戏玩家调查的模型只成功一次的例子证明了这一点。基于智慧技术的方法也是如此：英国在 2015 年大选中使用这类方法时，遇到了与常规民意调查相同的错误，没有注意到保守党成为最大政党的可能性。原因很容易理解：与猜测一头牛的重量或软糖数不同，因为人们受到媒体上关于可能结果的同类信息的影响，每个人的估计不是完全独立的。近年来，这种预测方法已经不那么流行了。

我们针对特朗普是否会获胜在 40 个国家进行了研究，结果佐证了这种风险，并呼应了对其中原因的一些解释。如图 7-2 所示，认为唐纳德·特朗普会赢的人数明显多于认为希拉里·克林顿会赢的国家只有两个——俄罗斯和塞尔维亚，在中国（不含港澳台）两者人数大致持平。所以，除非你来自这些国家，否则你的同胞大多都没有预见到特朗普的胜利。

所有其他国家的结果都是希拉里大幅领先，包括在美国本土，50% 的人支持希拉里，只有 26% 的人支持特朗普。墨西哥是一个极端的例子，86% 的人认为希拉里会赢，只有 6% 的人认为特朗普会赢。

当然，这是一场令人难以置信的势均力敌的选举，希拉里

问：考虑到即将到来的美国总统选举，你认为唐纳德·特朗普还是希拉里·克林顿会当选总统？

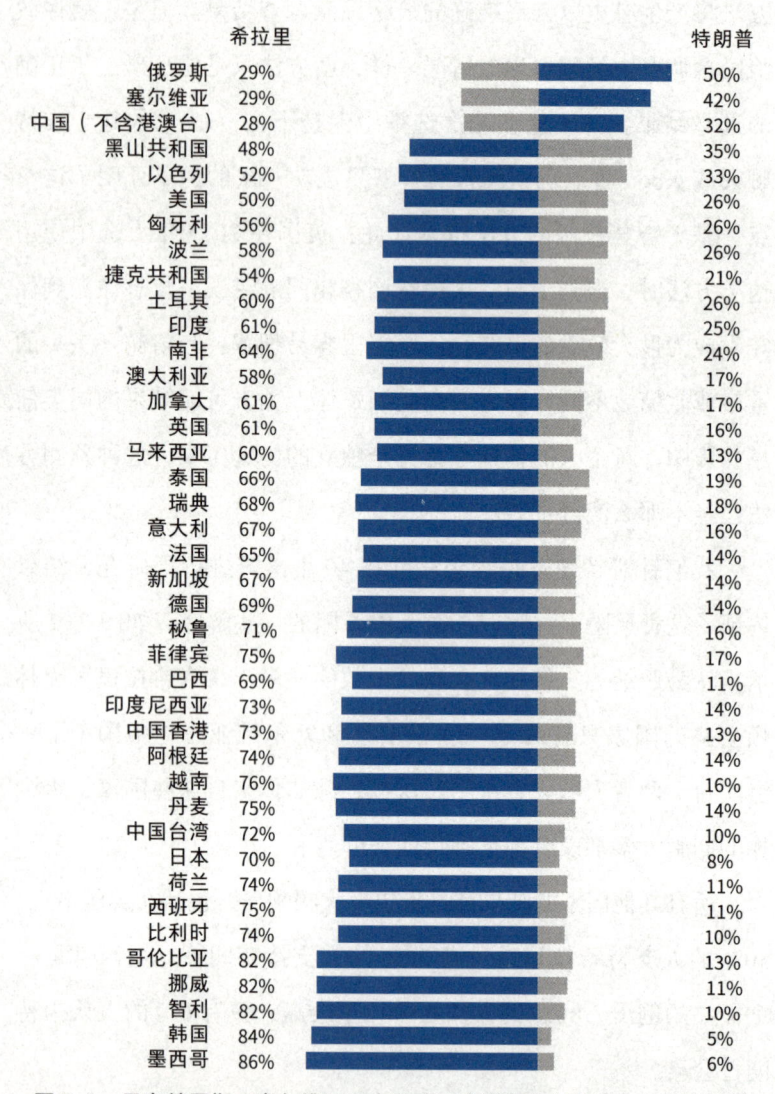

国家	希拉里	特朗普
俄罗斯	29%	50%
塞尔维亚	29%	42%
中国（不含港澳台）	28%	32%
黑山共和国	48%	35%
以色列	52%	33%
美国	50%	26%
匈牙利	56%	26%
波兰	58%	26%
捷克共和国	54%	21%
土耳其	60%	26%
印度	61%	25%
南非	64%	24%
澳大利亚	58%	17%
加拿大	61%	17%
英国	61%	16%
马来西亚	60%	13%
泰国	66%	19%
瑞典	68%	18%
意大利	67%	16%
法国	65%	14%
新加坡	67%	14%
德国	69%	14%
秘鲁	71%	16%
菲律宾	75%	17%
巴西	69%	11%
印度尼西亚	73%	14%
中国香港	73%	13%
阿根廷	74%	14%
越南	76%	16%
丹麦	75%	14%
中国台湾	72%	10%
日本	70%	8%
荷兰	74%	11%
西班牙	75%	11%
比利时	74%	10%
哥伦比亚	82%	13%
挪威	82%	11%
智利	82%	10%
韩国	84%	5%
墨西哥	86%	6%

图 7-2 只有俄罗斯、塞尔维亚和中国（不含港澳台）的民众有较大比例预测特朗普将在美国总统选举中获胜

实际上赢得了普选，所以我们不应该过于苛刻地评判受访者。但是，我们在预测结果方面的集体失败，说明了我们被告知的信息和我们的思维方式所产生的影响。在这种情况下，媒体报道将导致我们产生有利于希拉里的看法，但我们的一厢情愿也是一个因素：我们在一定程度上回答了自己认为会发生的事情，以及我们希望发生的事情。正如我们在当时及以后的国际民意调查中所看到的那样，大多数国家的民众都受到了对唐纳德·特朗普的普遍负面看法的影响。

同样，俄罗斯媒体对特朗普的立场，尤其是对希拉里的负面描述，是有据可查的。塞尔维亚人对特朗普获胜如此确信的原因可能不是那么明显，但他们与俄罗斯有着密切的联系，包括在媒体方面。在克林顿总统轰炸科索沃和波斯尼亚之后，塞尔维亚人民普遍对克林顿夫妇持负面态度。事实上，在2016年竞选期间曾有一篇报道称，唐纳德·特朗普为比尔·克林顿执政期间实施的轰炸事件道歉——后来他否认了这一说法——这篇报道在塞尔维亚广为流传。

另一方面，考虑到特朗普对墨西哥极其强硬的言辞，包括经常与他们的前总统比森特·福克斯（Vicente Fox）发生冲突（包括福克斯令人难忘的推文"我不会为那堵该死的墙付钱！"），墨西哥人最不可能认为特朗普是赢家也就不足为奇了。

第七章 英国脱欧和特朗普：一厢情愿和错误认知

* * *

　　我们的情绪和身份会影响我们对现实的看法以及对信息的反应——这是一个需要更广泛理解的关键问题，而不仅仅局限在英国脱欧和特朗普当选的事件中。我们可以在许多国家的政治运动和社会趋势中看到这一点。我们可能没有经历过2017年初一些人预期或担心的民粹主义浪潮，但身份政治的兴起仍是一种真正的趋势。这并不能保证现有政党的选票数量。事实上，考虑到新一代人在一生中与某一个政党的联系越来越少，我们应该期待更多的新兴政党，如意大利的五星运动党（Five Star Movement）和法国的共和国前进党（La République En Marche）。正如我们在上一章中看到的，重要的是你相信谁真正感受到了你的痛苦，而不是历史联系、他们所说的话的真实性，以及对政治和经济决策的未知结果的认真权衡。

　　我们需要警惕这样一种想法，即我们对证据的明显无视是全新的、普遍的或无法克服的。讽刺杂志《洋葱》(*The Onion*)2017年的头条新闻是:《恐惧的美国人在联邦政府将事实拿走之前囤积事实》("Fearful Americans Stockpiling Facts Before Federal Government Comes To Take Them Away")。[30] 从中我们能读出我们正处在一个危险的时期，但现实是，几十年后这个标题将同样具有讽刺意味。当然，它也（开玩笑地）低估了我们的无知和错误认知：这是一个长期存在的问题，因为它反映了我们的大脑是如何运行的。

在更个人化的层面上,我们特别要意识到自己在做出决定和预测将要发生的事情时所采取的情绪立场——我们错误的和一厢情愿的想法。预测失误的那一半人对特朗普获胜和英国脱欧的震惊程度反映出,这些倾向在意识形态分歧的双方是多么普遍,以及我们对世界的理解可以被过滤得多么严重。

第八章　过滤我们的世界

谷歌首席经济学家哈尔·范里安（Hal Varian）曾多次表示："未来10年最吸引人的职业将是统计学家。我不是在开玩笑。"[1] 事实上，他需要不断地说，并向我们保证他不是在开玩笑，这表明并不是每个人都被说服了。他认为我们低估了统计思维的价值，这是对的：我们为自己缺乏阅读和写作技能而感到尴尬的可能性是为缺乏数学技能而尴尬的3倍。[2] 范里安继续解释道，统计宅男（女）的兴起（对我来说再好不过！）反映了我们的世界在不断变化，科技正渗透到我们生活的方方面面：

> 获取数据的能力——能够理解数据、处理数据、从中提取价值、将数据可视化、进行交流——将是未来几十年非常重要的技能。[3]

我们周围的新技术以一种我们几十年前无法想象的方式带来了海量的数据。以前的技术进步并没有导致信息数量出现如此巨大的飞跃，这些信息来自生活的各个领域，可以重复利用和分析。

这些技术进步不只是提供被动的数据流，如果我们有能力的话，还可以对其进行中立的分析。这些信息还被积极地用来塑造我们所看到和经历的东西，这在几年前是无法想象的。人们最初对互联网的开放、协作、共享阶段的看法是完全不同的。人们认为，有了这么多信息，真相就会大白于天下。充分了解了我们的内在偏见和启发式之后，这些假设就显得实在很天真：它们为相反的情况提供了完美的环境，让我们的无意识冲动控制了我们更好的意愿，而我们甚至没有真正注意到这一点。[4]

我们的在线回音室

"过滤气泡"一词是由无价公司（Upworthy）的首席执行官、互联网活动家伊莱·帕里泽（Eli Pariser）创造的，它指的是我们更喜欢支持我们的世界观的数据，这种倾向与决定我们在网上遇到什么的无形算法之间会相互作用。帕里泽表示，这些算法"为我们每个人创造了一个独特的信息宇宙，从根本上改变了我们接触信息和观点的方式"。[5]

帕里泽解释了谷歌搜索是如何根据不同用户的历史记录给出截然不同的搜索结果的：两个人搜索"英国石油公司"（BP），一个人看到的是该公司的投资新闻，另一个人看到的则是最近一次石油泄漏事件的信息。在词典网（dictionary.com）上查找类似"抑郁"（depression）这样的单词，该网站会在你的设备上安装多达223个跟踪信号，这样其他网站就可以向你推送抗抑郁药的广告。监控在本质上是一种商业模式，它支撑着我们免费使用的互联网。[6]

当然，我们可以夸大这种看不见的复杂性——这本身就是一个问题。正如企业家兼作家玛格丽特·赫弗南（Margaret Heffernan）所说，阻碍我们正视科技公司对我们生活产生的真正影响的因素部分在于，我们普通人不可能希望理解那些复杂性和精确性的光辉。[7] 正如讽刺网站每日饲料（The Daily Mash）上的一篇文章所表明的那样，互联网并不像人们常说的那样如激光制导般准确：

> 我们被告知，互联网是一股邪恶的力量，它收集我们的数据，创造出我们生活的完整图景，用广告精确地瞄准我们，它几乎控制了我们的思想。说到我自己，我只能说他们严重低估了我是多么地混蛋。我的脸谱网页面侧边栏基本上就是一条长长的大道，上面都是名贵木材的刨木图。因为我一直在看装修广告。这是个不错的尝试。我住在公寓的四楼。[8]

虽然科技公司尚不能完全了解我们内心深处的想法，但更大的威胁仍然是真实存在的：我们迄今为止发现的偏见和启发式显然很可能扭曲我们对现实的看法。所以我们现在也不会太在意在与朋友分享手机内容时，会尴尬地弹出蓝色药丸的广告。

还有更大的问题——当我们对什么是真实的看法被算法程序和我们选择的社交媒体中的个人和群体所塑造时，我们的"过滤气泡"就变成了一个"回音室"，我们只听到自己的和想听到的声音，我们失去了一个正常运转的社会所依赖的共同事实。

人类的这些倾向并不是什么新鲜事，我们一直在过滤我们的世界，让我们周围的人和信息为我们提供可爱的、令人欣慰的"认知和谐"，这是利昂·费斯廷格在20世纪50年代所说的。但我们和其他人过滤现实的能力已远远超出费斯廷格最初测试的预期，他最初的测试表明，我们将避开不看杂志上对我们已经选择的汽车进行批评的那些评论。

1962年，德国社会学家和哲学家尤尔根·哈贝马斯（Jürgen Habermas）认为，一个健康的"公共领域"，即可以讨论社会问题并形成观点的真实、虚拟或想象的空间，对民主至关重要，而且需要具有包容性。但早在2006年，他就承认："世界各地数以百万计的分散的聊天室的出现，往往会导致大量但以政治为中心的大众受众分裂成以大量孤立问题为中心的受众。"[9]

这可能会导致一些现实的后果。普林斯顿大学的雅各布·夏皮罗（Jacob Shapiro）进行了一项实验，在政治问题上操纵搜索引擎排名，结果表明，有偏见的搜索排名可以将犹豫不决的选民的投票偏好改变20%，而他们并不知道自己看到的内容被操控了。[10]

正是由于人们在一定程度上会受到这种潜在因素的影响，人们对2018年3月曝光的事件感到担忧，数百万用户的脸谱网数据可能在他们不知情的情况下被用于关键的政治竞选。一名在政治咨询公司剑桥分析工作的揭秘者概述了剑桥大学一名学者开发的一个简单的性格测试，测试提供了一个外壳，让研究人员不仅可以访问参与测试的 27 万脸谱网用户的数据，还可以访问他们在脸谱网上所有的好友和联系人的数据，其中包括了超过 8700 万人的数据集。然后这些信息被卖给了剑桥分析公司，剑桥分析公司根据这些信息创建了 3000 万份"心理分析"档案，然后这些资料可以被用于在脱欧公投和 2016 年美国总统选举中设计有针对性的政治广告，并与相应的竞选团队合作。

在撰写本书时，事件的全部真相尚未披露，英国议会的调查仍在进行，马克·扎克伯格仍将在美国国会做证。在任何情况下，我们都无法确定这种针对信息的行为是否会对这两个政治事件的结果产生任何实质性影响——至少特朗普阵营内的一些人对剑桥分析公司围绕它建立的传播策略是否像声称的那样准确或有用表示怀疑。[11]

然而，正如欧洲委员会（Council of Europe）的一篇关于"信息混乱"的精彩但可怕的论文所概述的那样，这只是更广泛的趋势和担忧的一小部分。真正令人担忧的远不止选举广告，而是"虚假信息运作的长期影响，其目的是散布不信任和混淆视听，并利用民族主义，民族、种族和宗教的紧张关系，加剧现有的社会文化分歧"。[12]

BuzzFeed 的克雷格·西尔弗曼（Craig Silverman）总结道："在美国总统选举的最后 3 个月里，来自恶作剧网站和极端党派博客的 20 篇表现最好的虚假选举报道在脸谱网上获得了 871.1 万次分享、回复和评论。在同一时期，来自 19 个主要新闻网站的 20 篇表现最好的选举报道在脸谱网上总共获得了 736.7 万次分享、回复和评论。"[13] 真假之间的相对权重处于危险的平衡状态。

欧盟的东方战略通信行动组（East StratCom Task Force）对俄罗斯在欧盟各地的宣传进行的分析显示，俄罗斯的策略是尽可能多地传递相互矛盾的信息，让人们相信事件有太多的版本，难以找出真相。这场信息战使用了各种信息来源，从成熟的媒体渠道到边缘人物。俄罗斯将军们公开承认，"虚假数据"和"破坏稳定的宣传"是他们的合法工具。俄罗斯国防部长称情报是"另一种类型的武装力量"。其他国家正在迎头赶上，提高这些技术在国家安全中的核心地位，包括澳大利亚和英国在内的许多国家正在启动或重新定位自己的信息战部队。[14]

当然，工具可能是新的，但理论不是。2017 年，汉娜·阿伦特（Hannah Arendt）1951 年出版的经典著作《极权主义的起源》（*The Origins of Totalitarianism*）在亚马逊上短暂售罄，部分原因是社交媒体上广泛分享的这句话：

> 极权主义统治的理想对象不是深信不疑的纳粹，而是那些分不清事实与虚构、真实与虚假的人。[15]

阿伦特的分析，其适用范围比引文所说的更广，但她确实指出了我们当前面临的一些风险，呼应了我们对证实自己已经持有的观点的关注，以及我们以惊人的规模提供这些观点的科技能力：在极权主义统治下，无论真实性如何，我们所看到的东西的一致性决定了我们相信什么。

"数字造势"（digital astroturfing）这种现代工具——利用水军工厂、刷单军团和自动化的社交媒体账户——远不止为俄罗斯或极权主义政权所用。一份报告显示，有28个国家出于各种各样的目的使用了它。[16]

因此，错误信息（无意中分享假信息）和虚假信息（故意创造和分享已知的假信息）的数量是一个问题，原因有很多。首先，它的巨大数量意味着我们会被"洪水"冲昏头脑，找不到最准确的故事。其次，更重要的是重复本身会带来轻信，因为多次看到相同的信息会令人产生虚幻的真理效应。[17]

我们在选择朋友时过于谨慎

从我们目前了解的情况来看，这些用心险恶的干预并不会导致我们对现实的看法出现问题——我们有一种自然的倾向，会让周围的信息强化我们已经持有的观点。学者很难确定我们所消费的传统媒体对观点的因果影响，其原因之一是我们选择的报纸和渠道就已经反映了我们已有的观点。这同样适用于网络，无数的研究表明，我们关注意见领袖和交友的方式与以往相同。

这种担忧日益加剧，甚至连巴拉克·奥巴马都在他的总统告别演讲中强调了这种风险：

我们在自己的泡泡中变得越来越安全，以至于我们开始只接受符合我们观点的信息，不管它是真是假，而不是把我们的观点建立在现有证据的基础上。[18]

在很多方面，我们的网络存在是以这种"确认偏见"为核心设计的：它努力让我们在看到证实自己已有观点的信息时感到快乐。它会尽最大努力过滤掉任何导致不适的内容——否则我们就会点击离开，关注下一件事。

伊利诺伊大学（University of Illinois）的传播学理论家詹姆斯·凯瑞（James Carey）强调了传播的"仪式"（ritualistic）功能，即它在代表个体和群体的共同信仰方面发挥着至关重要的作用。我们经常关注沟通的"传递"（transmission）作用——传递信息——当它具有同样重要的仪式功能时，它也能表明我们的身份和我们共有的信仰。[19]

正是沟通的这种仪式性，对于理解个体如何以及为什么对信息做出不同的反应至关重要。正如欧洲委员会的文件所概述的那样，我们消费的信息类型以及我们理解它们的方式，都会受到我们的身份认同和我们所属"部落"的显著影响。在一个朋友、家人和同事都能看到我们喜欢、评论和分享的东西的世界里，这些"社会"力量比以往任何时候都更加强大。

我们被鼓励通过"表演"来获得点赞、评论和分享之类的奖励。我们倾向于在社交媒体上点赞或分享朋友或粉丝希望我们点赞或分享的东西。我们是社会动物,我们对规范的认知对我们自己的观点和行为有强大的影响,我们甚至错误地认为某种做法是规范,就像我们所看到的多数无知的例子那样。我们有社会期望偏见(social desirability biases),我们无意识地进行"印象管理",展示我们认为会得到他人认可的形象。

我们针对技术的问卷调查结果清楚地证明了我们对世界的看法是多么扭曲,因为我们是从我们所看到的东西中归纳总结的。这些问题不仅是关于身份政治的热门话题,还涉及我们对一些基本事实的估计,比如我们中有多少人可以使用互联网。它们暴露了我们对世界的看法被过滤得多么严重。

每时每刻都在线

互联网的社会和经济价值怎么称赞都不为过。生活的每个领域都受到了影响,它已经渗入我们大多数人的生活中,以至于我们很难意识到它的中心地位。一项研究表明,缩小欠发达世界国家与世界其他地区之间在互联网使用方面的差距能增加1.4亿个新就业机会,挽救250万人的生命(因为国民健康素养与死亡率相关)。[20] 在这种情况下,人们很容易忽视这样一个事实,即世界上仍有大约一半的人无法使用互联网。

"在你们国家,每100人中有多少人能上网?"这个问题你会怎么回答?正如我们将看到的,世界各地的访问方式确实多种多样，这也反映在我们猜测的错误中。事实上，那些猜测得过高（有时高得离谱）和猜测得过低的国家大致各占一半。

印度在互联网接入问题上最为令人困惑。人们的平均猜测是，60%的印度人都能访问互联网，而当时（2016年）的实际比例仅为19%。当然，在这样一个快速发展的国家，互联网的使用正在迅速扩大，在撰写本书时，这个比例已经达到了25%，但离60%还有很长的路要走。其他国家，尤其是秘鲁和中国等欠发达市场，也严重高估了互联网接入率。

在另一端，以色列的猜测比例过低，为60%，而实际上是76%。还有一系列互联网普及度较高的国家猜测值也过低，实际比例在80%左右。

后一组错误可能与心理物理学的解释最相关：人们认为他们选择了一个大的数字，但它实际上不够大，因为我们倾向于低估大的东西，并向中间范围对冲。

然而，更有趣和更重要的点在图表的另一端，尤其是印度的数据。再多的心理物理学对冲也解释不了印度人的平均猜测——对于这种明显的偏见，有不同的解释。我们的调查是在网上进行的，因此，从定义上讲，每个参与调查的人都能上网，即使是在互联网普及率较低的国家也是如此。因此，与互联网接入率高的地方的受访者相比，印度等地的受访者更不寻常，更不能代表他们国家的全部人口。（对我们合作的许多项目更感兴趣的是这个上网的群体，不仅是因为他们更富有，还因为他们引

问：在你们国家的每 100 个人中，你认为有多少人可以在家里通过电脑或移动设备上网？

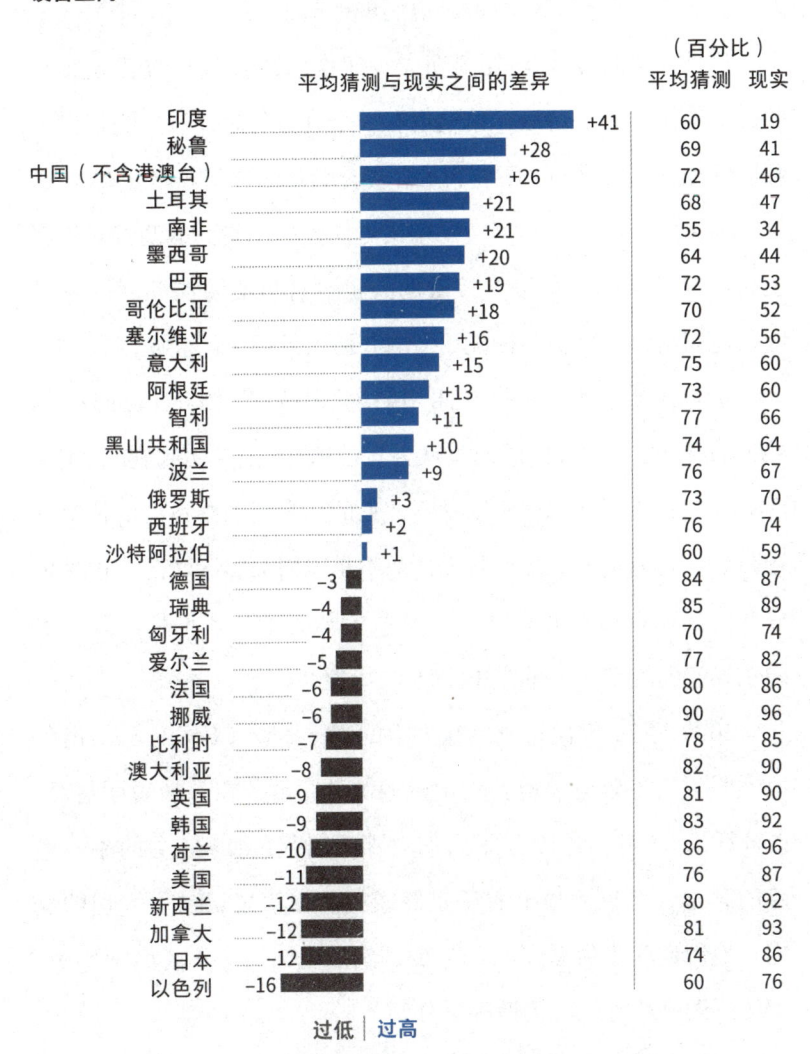

（百分比）

国家	平均猜测与现实之间的差异	平均猜测	现实
印度	+41	60	19
秘鲁	+28	69	41
中国（不含港澳台）	+26	72	46
土耳其	+21	68	47
南非	+21	55	34
墨西哥	+20	64	44
巴西	+19	72	53
哥伦比亚	+18	70	52
塞尔维亚	+16	72	56
意大利	+15	75	60
阿根廷	+13	73	60
智利	+11	77	66
黑山共和国	+10	74	64
波兰	+9	76	67
俄罗斯	+3	73	70
西班牙	+2	76	74
沙特阿拉伯	+1	60	59
德国	−3	84	87
瑞典	−4	85	89
匈牙利	−4	70	74
爱尔兰	−5	77	82
法国	−6	80	86
挪威	−6	90	96
比利时	−7	78	85
澳大利亚	−8	82	90
英国	−9	81	90
韩国	−9	83	92
荷兰	−10	86	96
美国	−11	76	87
新西兰	−12	80	92
加拿大	−12	81	93
日本	−12	74	86
以色列	−16	60	76

过低 | 过高

图 8-1　欠发达国家的民众高估了互联网接入人口的比例，而较发达国家的民众则恰恰相反

第八章　过滤我们的世界　189

领了波及全球的趋势。当然,这并不是要忽视那些还不能上网的人,我们在社会研究中经常对他们进行调查。)

虽然这意味着我们需要明白,印度的调查数据仅代表新兴的、能上网的中产阶级,但这也有一个有益的副作用:它指出了我们思维方式的另一个重要偏见。参与调查的这部分印度人认为,这个国家的其他人和实际情况相比更像他们:我们的调查对象都能访问互联网,他们经常接触的人也更有可能访问互联网——所以他们认为有比实际情况更多的普通人可以访问互联网。

这与社会心理学家所说的"错误共识效应"(false consensus effect)有关——人们倾向于认为自己的行为选择和判断是相对常见的,其他不同的反应则是不常见的。我们根据自己的情况进行归纳,认为别人更接近我们,而不是他们的实际情况。这种效应通常出现在信念和态度上——我们认为别人比他们实际上更同意我们的观点——但它也出现在行为上。

20世纪70年代,斯坦福大学的李·罗斯(Lee Ross)出色地证明了这种效应。他要求学生们佩戴写着"在乔斯餐厅吃饭"或"忏悔"(奇妙地唤起了人们对那个时代的回忆!)的略显尴尬的牌子,在校园里沿着一条路线散步,假装记录下人们的反应。他们向学生解释了这项任务,然后告知大家不是必须要做,即使不做仍然可以得到课程学分。

有些人同意做了,有些人没有("我会逃跑""我有偶像包袱"或者"我不敢"),但后来真正的实验开始了。他让学生评价他们是否认为其他人会做这项任务——60%~70%的学生认为其他人会和他们的选择一样，不管这个选择是什么。

这个实验用一种复杂的方式证明了人们倾向于认为别人的想法和行为与自己的一样，但罗斯需要测试人们对能产生后果的行为做出的真正选择，而不仅仅是理论上的选择。

在我们的例子中，有影响力的印度中产阶级似乎不知道对他们的大多数同胞来说，互联网接入是多么罕见。这种误判将不可避免地影响他们对一些事情的看法，比如扩大互联网接入的紧迫性，以及确保目前无法接入互联网的人不会被联网所带来的机会远远抛在后面的问题有多重要。

让世界更紧密地联系在一起？

人们对社交联系的重视是脸谱网成功的核心。它的第一个使命宣言是"让世界更开放，联系更紧密"。马克·扎克伯格在2017年改变了这一点——"赋予人们建立社区的力量，让世界更紧密地联系在一起"，提供更强的使命感并解释为什么联系是有益的。[21]

这种连接的渴望使脸谱网成了一个难以想象的庞然大物。目前每月约有22亿用户（接近全球总人口的30%）登录，每天有14亿用户登录。而且这个数字仍在增长——2017年底的网站日活量比2016年增长了14%。[22] 扎克伯格本人说过："在很多方面，脸谱网更像一个政府，而不是一个传统的公司。"[23]

第八章　过滤我们的世界　191

剑桥分析公司的丑闻让脸谱网因为各种负面的原因登上了头条。在我写完这本书的时候,"#删除脸谱网"运动才刚刚开始,但考虑到它与许多人的生活紧密相连,我们自然可以认为,即使是这种程度的丑闻对我们对这个平台的实际使用产生的影响也是有限的。技术监测公司报告称,即使在丑闻曝光后的几周里,全球范围内脸谱网的使用量仍在正常的预期范围内。[24]

这种主导地位会影响我们对脸谱网用户数量的看法吗?如图8-2所示,情况似乎非常严重,每个国家都严重高估使用该网的用户比例。这种程度的误差不是自动调整的结果,而是源于我们对脸谱网流行程度的偏见。

更极端的错误往往出现在与那些高估互联网接入的国家相似的国家。最值得注意的是,网上的印度人认为64%的印度人拥有脸谱网账户,而当时的真实情况是只有8%。显然,这与他们对印度人的印象有直接关系,因为他们印象中的网民数量要比实际情况多得多,但这仍然是我们检测到的最大的认知差距之一。

你们中敏锐的人可能已经发现,印度人认为拥有脸谱网账户的人比他们所认为的能够接入互联网的人还多,而这显然是不可能的。部分原因是这两组调查结果来自不同的调查,脸谱网的问题是在一年后提出的:我们的印度受访者可能已经注意到了网络在线访问快速扩张的情况,尽管他们猜测的规模完全错误。

然而,不只是互联网接入率较低的国家的民众大错特错。例如,德国人以为本国有72%的人拥有脸谱网账户,而实际数字

问：在你们国家或地区，每100个13岁及以上的人中，你认为有多少人拥有脸谱网账户？

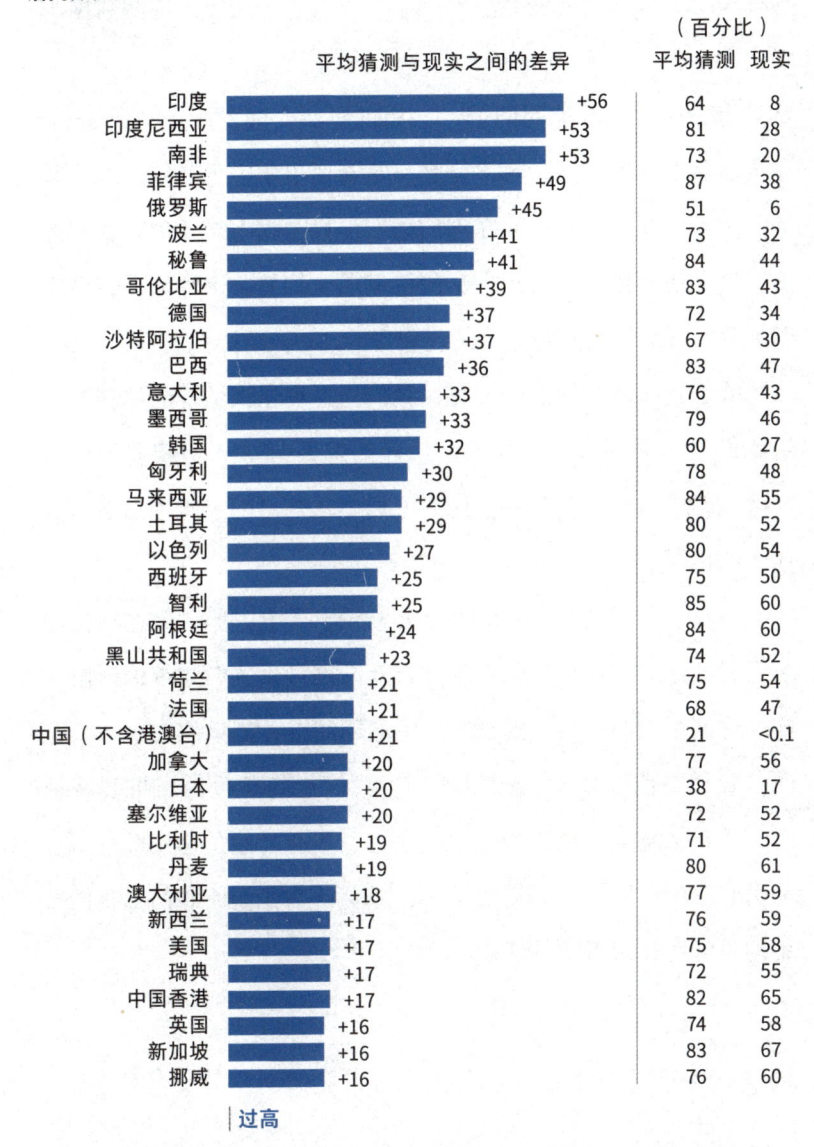

	平均猜测与现实之间的差异	平均猜测（百分比）	现实
印度	+56	64	8
印度尼西亚	+53	81	28
南非	+53	73	20
菲律宾	+49	87	38
俄罗斯	+45	51	6
波兰	+41	73	32
秘鲁	+41	84	44
哥伦比亚	+39	83	43
德国	+37	72	34
沙特阿拉伯	+37	67	30
巴西	+36	83	47
意大利	+33	76	43
墨西哥	+33	79	46
韩国	+32	60	27
匈牙利	+30	78	48
马来西亚	+29	84	55
土耳其	+29	80	52
以色列	+27	80	54
西班牙	+25	75	50
智利	+25	85	60
阿根廷	+24	84	60
黑山共和国	+23	74	52
荷兰	+21	75	54
法国	+21	68	47
中国（不含港澳台）	+21	21	<0.1
加拿大	+20	77	56
日本	+20	38	17
塞尔维亚	+20	72	52
比利时	+19	71	52
丹麦	+19	80	61
澳大利亚	+18	77	59
新西兰	+17	76	59
美国	+17	75	58
瑞典	+17	72	55
中国香港	+17	82	65
英国	+16	74	58
新加坡	+16	83	67
挪威	+16	76	60

| 过高

图 8-2 每个国家或地区的民众都严重高估了拥有脸谱网账户的人口比例，有些国家的民众估计的数字高得令人难以置信，尤其是印度、印度尼西亚和南非

第八章 过滤我们的世界 193

只有 34%，大约是猜测数字的一半。没有哪个国家的猜测数据与真实数据相差低于 15 个百分点。

有一些特别有趣的例子，比如俄罗斯。俄罗斯在 vk.com 上有自己版本的脸谱网，其优势之一是与西里尔字母兼容，因此脸谱网在俄罗斯并没有如同在别的国家那样占据主导地位：我们的俄罗斯受访者估计，大约一半的俄罗斯人拥有脸谱网账户，而实际上只有 6% 的人拥有。

除了这些非常特殊的情况，我们对这种错误估计的解释类似于我们对互联网普及率的错误估计的解释——人们倾向于认为"我们看到的就是所有的"，所以人们会从自己的经验中总结出其他人的情况。

不过，这里还有更多的事情要讨论，尤其是脸谱网在社交网络领域的绝对统治地位就像谷歌在互联网搜索领域的统治地位一样。这两个来源一共占到顶级出版商网站推荐流量的 75%。[25]

我们在前几章中已经看到，当我们想到积极的结果和特征时，通常会认为自己比普通人更幸运、更有技能。这一章指出了镜子效应的危险：我们需要小心，避免认为我们所做的和我们所见的是常态，或者是一切。

气泡破裂

我们回到一个更大的挑战上：我们的世界怎么变得这么过度

过滤，以及这对我们如何看待现实的影响。最可怕的是，一切才刚刚开始：真正的挑战是变革步伐不断加快，以及我们在减缓其影响方面落后了多少。

例如，政客和媒体关注的主要是基于文本的虚假信息，试图控制和纠正"假新闻"文章中的说法。但我们已经知道，视觉信息通常是被分享最多的，我们处理它们的速度比处理文字快得多。例如，麻省理工学院的一个神经科学家团队发现，我们可以在 13 毫秒内处理我们看到的整个图像——因此，当我们观看而不是阅读时，我们的批判性推理能力不太可能发挥作用。[26]

即将到来的视频和声音处理方法将使单纯作为"表情包工厂"的 Photoshop 退出潮流。例如，华盛顿大学的研究人员使用人工智能程序创建了完全虚假但在视觉上令人信服的巴拉克·奥巴马的视频。研究人员将这位前总统 17 小时的每周演讲视频片段作为"训练数据"输入神经网络，由此产生的算法可以根据奥巴马的声音生成嘴型，并将其覆盖到奥巴马的脸上，制作出一个完全不同的视频。[27] 类似的技术应用，包括一个非常简单的叫作 FakeApp 的工具，它现在已经是免费的了，到目前为止，它的主要用途（可以预见）是编辑色情视频，把女演员的脸换成更著名的人的脸，以及（考虑到这是互联网，也可以预见）把尼古拉斯·凯奇插入他实际上并未参演的电影中。[28]

音频比视频更容易操控。奥多比公司（Adobe）已经开发出了一个名为 VoCo（昵称为"音频 Photoshop"）的程序原型，用户可以将某人声音的简短片段输入该程序中,然后就可以用那个人的准确声音口述单词。

综合来看,这些事态发展显然比伪造的"复仇色情"视频具有更严重的潜在影响。以一种令人信服的方式完全凭空捏造言行的能力,可能会把虚假信息提升到另一个水平。

当然,面对这些强化或利用我们固有偏见的技术飞跃,我们并不是完全无能为力。政府、平台和其他机构都在采取行动——鉴于脸谱网和剑桥分析公司的爆料,似乎可能会采取更大力度的举措。通过控制广告访问名单,并嵌入第三方事实核查方法,脸谱网和谷歌已经采取了一些措施,以阻止操纵性虚假信息。它们都试图用分析相关文章的特征之类的方法来戳破我们的过滤气泡,我们知道这在某种程度上是有帮助的。威斯康星大学麦迪逊分校的莱蒂西亚·博德(Leticia Bode)和埃米莉·弗拉加(Emily Vraga)在 2015 年进行的一项实验研究表明,当一条包含错误信息的脸谱网帖子立即被下方的"相关故事"功能语境化时,错误认知就会显著减少。迅速识别误导性信息,及早介入并提供不同的叙述方式确实会有帮助。[29]

很难想象社交媒体平台会主动对它们的运营方式做出如此重大的改变,仅仅这些改变就会戳破我们的过滤气泡。更具挑战性的内容迫使我们重新思考一些既定的世界观,这可能会让我们在这些平台上花更少的时间,这反过来意味着广告收入会减少。事实上,脸谱网已经承认,当其试图从相反的角度传递更多内容时，人们往往不会点击它。

毫无疑问，近年来我们看到了事实核查的爆炸式增长：欧洲委员会的报告显示，仅在欧洲20个国家就有34家常设事实核查机构。[30]这是一项很重要的工作。当然，有证据表明，事实核查确实倾向于将个人的知识推向正确信息的方向，特别是当事实核查做得好时，它不仅提供事实，还会解释更广泛的背景，告诉我们更多的故事。

当然，事后提供正确的信息并不是事实核查的唯一目标，甚至不是主要目标。它只是事实核查人员所说的"第一代"事实核查。英国最大的独立事实核查机构"全面事实"（Full Fact）谈到了"第三代事实核查"的发展。第二代事实核查，也就是我们现在，更注重行为的改变，试图让生产者和出版商从源头上纠正信息，利用以前事实核查的证据来推动改变，并培训记者、政客和其他人准确地使用信息。第三代事实核查技术还处于萌芽阶段，和上述技术一样专注于实时进行事实核查，确保它们可以被轻松地使用和重复使用，比如与谷歌合作。[31]改变系统的目标是关键，如果不能做到这一点，那么先入为主便是关键。在一份关于俄罗斯宣传的报告中，研究人员认为，处理错误信息最有效的方法之一是给用户"接种疫苗"，或"向受众预警错误信息，或者只是先向他们传达真相，而不是撤回或驳斥错误的'事实'"。[32]

即使是这样更广泛的推动也还是不够。欧洲委员会的报告包括34项行动建议，呼吁科技公司、政府、媒体机构、教育部、资助机构和研究人员都发挥作用,这反映了这项挑战的复杂性。行动也需要是多方面的,而不仅仅是依靠技术解决问题。没有一种方法能做好全部工作。

例如,监管似乎是一个没有得到充分利用的诱人的杠杆。亿万富翁、投资者和慈善家乔治·索罗斯(George Soros)于2018年在达沃斯发表演讲时,毫不留情地谈到了社交媒体公司的影响及监管行动的必要性。他称这些公司为"威胁",它们没有保护社会的真正意愿,而且:

> ……它们在不知不觉中影响人们的思维和行为。这对民主的运行,特别是对选举的完整性产生了深远的不利影响……要维护和捍卫约翰·斯图亚特·密尔所说的"思想自由",需要付出真正的努力。有一种可能性是,一旦失去,在数字时代长大的人就很难再找回它……[33]

但也存在过度监管的危险。政府最终可能会控制谁看到了什么或者裁决何为"真相"。这给了人们暂停监管的理由。社交媒体和互联网公司越来越注重自我监管,可能表明有一些途径可以向它们施加更多压力,而不一定要通过立法规定什么是"真相"。例如,美国的一项重要法规中有一句话是这样说的:"任何交互式计算机服务的提供者或用户都不应被视为其他信息内容提供者所提供的任何信息的发布者或发言人。"[34] 正如詹姆斯·诺顿

（James Naughton）在《展望》（*Prospect*）杂志上所言："仔细修改这一条款可能会——一下子——迫使社交媒体公司对其网站上出现的内容承担一定程度的责任。"[35]

我们永远不可能完全控制住虚假信息。因此，另一种方法是鼓励培养"新闻素养"的项目，包括将核心内容纳入国家课程。这些项目不仅关注技术技能和知识（在可信的和不那么可信的来源中检索什么信息、了解算法如何工作或计算），更重要和更难克服的是那些让我们的情绪反应和社群身份凌驾于批判性思维能力之上的倾向。

虽然训练这些批判性思维能力以克服我们的许多进化偏见是非常困难的，但如果没有它们，我们不可能找到改进的方法。我们对自己思维方式的错误认知和我们被告知的虚假信息一样多，当前和未来可能影响我们把握现实的所有危险，都使提高我们的技能成为这个时代最重要和最紧迫的一项社会挑战。

为了取得成效，我们需要尽早在学校开始行动。有的地方正在采取一些令人鼓舞的举措。例如，意大利在8000所学校试点引入了"识别假新闻"作为国家课程的一部分，并在中学开设了阅读、写作和语言课程。[36] 在英国，英国广播公司正在与1000所学校合作，指导和培养儿童的新闻素养，推广在线材料和课堂活动，并开展全国巡回的"事实核查路演"。[37] 这些举措令人鼓舞，但还远远不够，特别是越来越多的证据表明我们的上网习惯对我们对现实的看法很重要，此外，我们还需要学习其他更好的技术。

例如，斯坦福大学最近的一项研究回顾了10位博士历史学家、10位专业事实核查员和25位斯坦福大学本科生如何评估直播网站以及如何搜索有关社会和政治问题的信息。他们发现，历史学家和学生经常被虚假网站操纵人心的特征所迷惑，比如看起来很专业的商标。尽管他们都是受过良好教育的群体，但他们往往倾向于停留在单一的网站里，而事实核查员则采取了一种更为横向的方式，打开多个标签页快速收集外界对信息真实性的看法。事实核查员得出正确结论的时间比其他小组短得多。

当然，我们不可能在生活的各个方面都做事实核查员（这会让人精疲力竭），而且事实核查也不会对每个人都有用，但这些新的实用技能和习惯在未来会变得越来越重要。虚假信息所带来的巨大挑战和威胁意味着，我们无疑需要所有参与在线交流的人都采取行动，但考虑到这个问题与我们的思维方式有很大关系，我们不能指望别人为我们做好所有的事情。

第九章　全球性担忧

国际发展（international development）中充满了困惑、焦虑和矛盾，不仅对该领域的工作人员而言是这样，对公众而言也是这样。就连你怎么称呼它也充满了争议，而且意味深长："援助"和"发展"暗示了一种贵族式的单向关系，即富裕国家在帮助欠发达的国家，没有利益流向相反的方向，也没有提及"捐助者"对欠发达国家的历史剥削。从展现了我们的态度和错误认知的民意调查中可以看出，这种复杂性部分解释了为什么一般民众对国际发展活动抱着同情、怀疑和怨恨的混合态度。

"对外援助"（foreign aid）通常是人们希望看到削减的第一项政府支出：难怪政客经常威胁要削减援助，以表明他们首先关注的是"本国人民"。人们的普遍感觉是这些资金的使用并没有带来多大的改变：反复的呼吁和新的危机导致人们对援助效果产生怀疑。我们对实际支出的感受不由自主地被夸大了。举两个例子：在美国，公众认为对外援助支出占联邦预算的31%，而实际比例远低于1%；在英国，有26%的人认为对外援助支出是政府预算的三大领域之一，而实际上它是被问及的最小领域之一。[1]

到目前为止，我们几乎只关注我们对本国现实的理解，但也可以将同样的方法应用到全球现实，以帮助理解我们看待世界的方式以及它是如何变化的。考虑到这些明显的困惑，我们在许多重要方面对全球趋势的判断非常错误也就不足为奇了。

我们对全球发展的错误认知一直是瑞典独立基金会 Gapminder 特别关注的焦点,该基金会由安娜·罗斯林·罗朗德(Anna Rosling Rönnlund)、欧拉·罗斯林(Ola Rosling)和汉斯·罗斯林(Hans Rosling)于 2005 年创立。你很有可能看到过汉斯或欧拉以真正鼓舞人心的方式展示一些数据。汉斯的 TED 演讲"你从未见过的最好的统计"(很讽刺地)是现在点击率最高的演讲之一,并让他在 2017 年初去世前成为现代第一批真正的统计明星之一。统计分析和讲故事的结合能够增强趣味性,而该基金会继续倡导的减少我们错误认知的策略仍然至关重要。[2] 感觉无能为力或一切都在变得更糟,不仅会导致冷漠和不作为,而且还会使人拒绝至少在某种程度上有效的事情。

全球贫困与健康

我们对一些主要趋势的看法,包括对世界各地极端贫困的变化情况的看法,在很大程度上反映了这种过度的负面影响。在过去 20 年里,生活在极端贫困环境中的人口比例是几乎翻了一倍,大致保持不变,还是几乎减半?你的答案是什么?如果你和我们调查的 12 个国家的人一样,你可能就大错特错了。平均而言,只有 9% 的人答对了,认为贫困人口比例几乎减半。

瑞典人最了解情况,有 27% 的人答对了。瑞典是瑞典独立基金会的发源地,而罗斯林一家在瑞典是家喻户晓的人物,这是巧合吗?这很可能是部分原因,因为他们的分析在他们的祖国得到了难以置信的广泛报道。他们定期把免费的教学材料带到学校和工作场所,以"消除错误认知,推广基于事实的世界观"。[3]如果能在全国范围内改变人们的错误认知,那将是一项了不起的成就,有证据表明这确实行之有效:在一项针对正确回答了各种事实的瑞典人进行的后续调查中,有一个问题是他们是如何知道正确答案的,"汉斯·罗斯林"是一个常见的回答。[4]当然,正如我们所看到的,瑞典人通常很擅长估计各种现实情况。

然而,大多数国家都大错特错,西班牙和匈牙利是另一种极端:只有4%的匈牙利人认为极端贫困人口减少了一半,71%的西班牙人认为极端贫困人口增加了一倍。在某种程度上,这些问题比我们目前看过的许多问题都要简单,因为我们只给了人们三个选项。正如Gapminder团队所指出的,这意味着如果人们只是随机选择,应该有33%的人会选择正确答案。事实上,就像汉斯和欧拉令人难忘的描述一样,这表明我们"对世界的了解比黑猩猩还少",因为"……如果我在香蕉上写下每个问题的备选答案,并让动物园里的黑猩猩从香蕉中选出正确的答案,它们至少会随机选择香蕉"。[5]显然,这说明我们错了,不仅因为我们不能确定和盲目选择,还因为我们有偏见。对于所有国家的大多数人(甚至瑞典人)来说,这种偏见几乎总是朝着负面的方向发展。

第九章 全球性担忧 203

问：在过去 20 年里，生活在极端贫困环境中的人口比例发生了什么变化？

几乎翻了一倍　　保持不变　　几乎减半

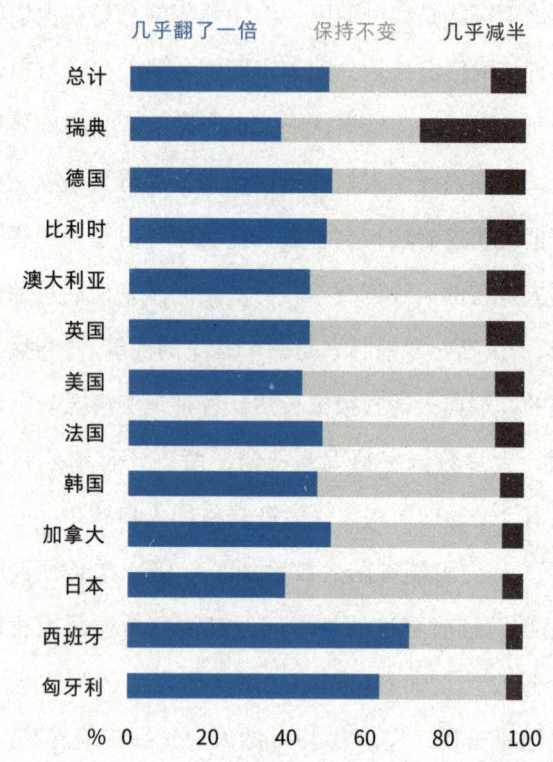

总计
瑞典
德国
比利时
澳大利亚
英国
美国
法国
韩国
加拿大
日本
西班牙
匈牙利

％　0　　20　　40　　60　　80　　100

图 9-1　只有 1/10 的人正确地认识到极端贫困人口的比例在过去 20 年里降低了一半

这就是这种错误认知的根源。我们都听说过关于贫困的可怕故事，不管取得了多大的进步，同样的个人和群体悲剧似乎仍在发生。我们的注意力被吸引到这些令人痛心的负面信息上，而忽略了正面信息。

这同样适用于我们对全球医疗保健的一些关键方面的看法，其中包括世界各地儿童获得疫苗接种的程度。疫苗接种范围已经悄然发生了一场革命，为全球健康带来了难以置信的好处。1980年，麻疹疫苗接种率尚低于20%，全球每年的病例数超过400万。但是到了2009年，免疫率大约上升至80%~90%（取决于你相信的比例），病例数量下降到25万左右。[6]

然而，我们对疫苗接种的普及率过于悲观。当被问及当今世界1岁儿童中至少有多大比例接种了预防某些疾病的疫苗时，25个国家的平均猜测低于40%，而实际数字是85%——是平均猜测的两倍多。

许多国家都错得离谱。日本人的平均猜测比例仅为19%，韩国人和法国人的平均猜测比例仅为25%。即使我们按照心理物理学的建议，根据我们习惯于对冲极端猜测的倾向来调整这些猜测的比例，它们仍然离实际数字很远。

然而，一些国家民众的猜测明显更接近现实情况——最明显的是非洲国家，如塞内加尔、肯尼亚、尼日利亚以及印度。他们的原始猜测数字仍然偏低，但有趣的是，他们的误差最小。这可能部分是因为发展中国家缺乏所有药品的刻板印象与这些国家的现实情况相矛盾。毫无疑问，日本的受访者在一定程度上认为疫苗接种在处于发展早期阶段的国家比较罕见，而且这些国家的人口占世界人口的很大一部分——因此，这个数字就非常低。

对我们猜测数字较低的部分解释可能是，提出的问题是针对

"某些"疾病的疫苗接种，而不是有多大比例的一岁儿童已经接种了所有可能的疫苗。我们都记得一些悲惨的案例，贫困国家因为无法接种疫苗而导致疾病传播，以及制药公司收取的价格有些人负担不起。[7]这些真实且吸睛的故事会导致我们忽略实际被问到的问题。

正如我们所看到的，负面信息会吸引注意力——它在我们的大脑中以不同的方式进行处理——而积极的进展大多是循序渐进的。我们发现这些趋势的能力远不如发现突然且引人注目的灾难那么强。正如牛津大学的马克斯·罗泽（Max Roser）所指出的那样，在过去25年里，报纸可以合法地每天刊登这样的标题"从昨天起，极端贫困人口减少了13.7万人"。[8]但是，正如我们从学者对新闻价值和标准的详细分析中看到的那样，可预测的新闻没有新闻价值，因为这是我们大脑的运行方式。我们得到了我们应得的媒体，在某种程度上，我们得到了我们渴望得到的媒体。

这是美好回忆的负面效应——它可以保护我们不被过去的失败或糟糕的经历所困扰，但它也会使我们对当下的看法过于消极。正如哈佛大学心理学教授史蒂芬·平克所解释的那样：

> 时间会治愈大多数创伤，糟糕经历的负面色彩会随着岁月的流逝而消失……正如专栏作家富兰克林·皮尔斯·亚当斯（Franklin Pierce Adams）所指出的："没有什么比糟糕的记忆更能影响过去的美好时光了。"[9]

事实上，这可能部分解释了为什么我们对全球特征和变化的判断要比对自己国家事实的判断错得更多。我们与直接信息的距离不仅为不确定性留下了空间，也为偏见留下了空间，这些偏见源于刻板印象、所有其他心理怪癖以及外部提示，推动我们往最坏的方面想。

平克在他的《人性中的善良天使》（*The Better Angels of our Nature*）一书中提到，我们的标准也会发生变化。[10]我们认为政府或经济体系没有达到我们现在预期的标准，但这忽略了一个事实，即这些标准一直在变化。例如，我们会对不久前还司空见惯的酷刑感到愤怒。

我们认为情况正在恶化的错误观点会带来一些后果。正如Gapminder所指出的那样，这是一种压力，它让我们产生错位的焦虑，并经常导致全球范围内的错误决策。

一切都错了

当回答"你认为世界是在变得更好还是更坏"这个问题时，我们的消极情绪表现得淋漓尽致。考虑到目前为止我们所看到的，你可能不会对前景悲观感到惊讶。但如果没有读过本书，你的第一个想法可能是，这是一个普遍得可怕的问题，人们早已司空见惯。他们会理所当然地说"我不知道"，并询问如何才能看到这个拥有70亿居民的5.1亿平方千米的星球的整体情况。他

第九章　全球性担忧　　207

们也可能想知道我们思考的到底是哪些方面的问题，是经济问题、环境问题、政治问题，还是社会问题。

然而，人们根本没有视而不见——他们的结论很明确：我们完蛋了。只有10%的人认为世界在变好，20%的人不确定，但68%的人认为世界在变坏。瑞典人（再一次）是最乐观的，但是，天哪，比利时人真可怜，只有3%的人认为世界在变好，83%的人认为世界在变坏。

2016年（我们问这个问题时）发生的一连串事件指出并没完没了地举例说明了为什么那一年是有史以来最糟糕的一年。这一系列的灾难意义重大，从令人不安的政治变化、可怕的恐怖袭击到失败的政变，再到一系列名人的死亡（引发了一条令人难忘的推特："我并不是说大卫·鲍伊维系着宇宙的结构，但他对一切都做了广泛的指示。"）。[11]

现在值得高兴的事情比我们能想象的要多得多。在绝大多数国家，近年来恐怖袭击造成的死亡人数低于20世纪末。谋杀率也是如此。全球生活在极端贫困中的人口比例在过去几年中首次降至10%以下。全球化石燃料的碳排放量连续3年没有上升（好吧，这并不意味着气候变化问题已经得到解决，但这仍然是一个积极的转变）。儿童死亡率大约是1990年的一半。再往前看，由于成人过早死亡和儿童死亡率居高不下，1900年全球预期寿命只有31岁，现在是71岁。每天有30万人第一次用上电。就连大熊猫也已从濒危物种名单上移除了。[12]

问：世界是在变得更好还是更坏，以下哪个最接近你的观点？

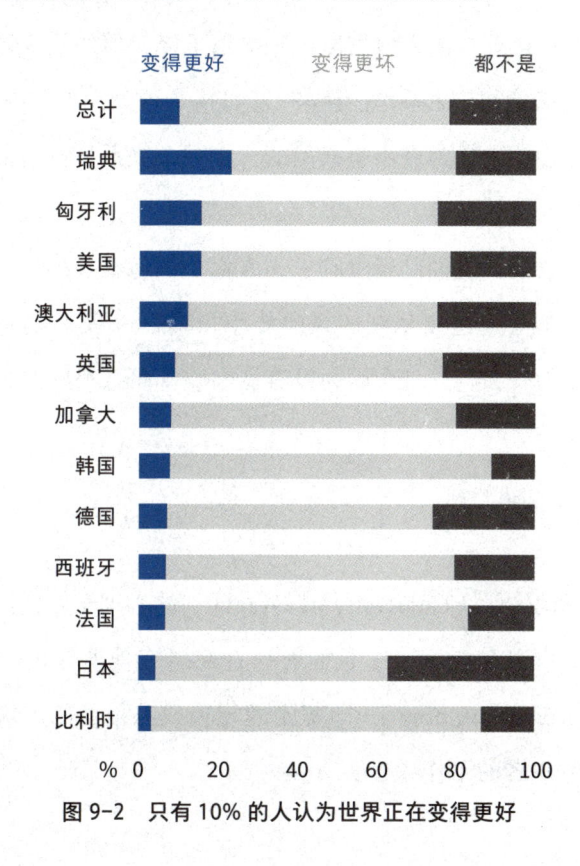

变得更好　变得更坏　都不是

总计
瑞典
匈牙利
美国
澳大利亚
英国
加拿大
韩国
德国
西班牙
法国
日本
比利时

％　0　　20　　40　　60　　80　　100

图 9-2　只有 10% 的人认为世界正在变得更好

正是我们这种过于悲观的感觉，让"新乐观主义者"发起了反对运动——一个持不同态度的群体试图呈现一幅更积极的图景，描绘世界是如何变化的，以及如何进一步改变。

媒体对这种新乐观主义的反应（具有讽刺意味）往往相当消极。主要的批评是，这种聚焦于进步的态度会让我们停止思考我们还有多远的路要走,以及如果从根本上改变,我们可以取得什么成就:全球贫困人口可能已经显著下降,但如果我们真的努力,我们确定可以根除贫困吗?人们指责这种乐观主义导致自满,并且会让人认为进步是必然的,在一个联系日益紧密的世界中这种想法尤其危险。

截至目前,我们已经看到了,人们是如何看待社会现实和变化的,这似乎比过度乐观的风险要小得多——我们倾向于过度关注消极的一面,并且会因为没有做出改善而感到焦虑。

一个 vs. 很多

俄勒冈大学(University of Oregon)的心理学教授保罗·斯洛维奇(Paul Slovic)几十年来一直在研究他所说的"精神麻木"(psychic numbing),即悲剧的规模或对帮助的需求过大所导致的旁观者的不作为:

> 大多数人都很有同情心,会尽最大努力去拯救引起他们注意的困境中的"那个人"。但是,同样是这些人,他们往往对陷入更大困境的"许多人之中"的"那个人"麻木不仁。为什么好人会忽视大屠杀和种族灭绝?具体来说,正是由于我们无法理解这些数字并将其与大规模的人类悲剧联系起来,抑制了我们采取行动的能力。[13]

其中涉及我们与个体之间的联系，以及我们在面对大规模悲剧时感受到的疏离和无助。斯洛维奇在开创性的实验中探索了不同援助行为的实际影响，其中包括要求人们捐款帮助西非的儿童。一组受访者被要求帮助一名叫罗琪亚的7岁女孩。另一组被要求捐款帮助数百万饥饿的儿童。第三组也被要求帮助罗琪亚，但提供了统计信息，说明了她所处国家的情况。考虑到已经看到的情况，我们可能不会感到惊讶，人们捐赠给罗琪亚的钱是帮助数百万儿童的2倍多。也许更令人惊讶和痛苦的是，提供关于非洲饥饿的背景信息会降低人们帮助罗琪亚的意愿。[14]

不仅仅是数百万儿童会影响捐赠意愿，再加一个孩子一样可以影响。在另一个实验中，同样的情况下，一些人再次被要求为罗琪亚捐款，另一些人被要求为一名叫穆萨的男孩捐款。在这两种情况下，人们都慷慨地向二人捐款。但是当把他们的照片放在一起要求人们捐款时，捐款减少了。斯洛维奇发现，当受害者的数量从一个变成两个时，我们提供帮助的意愿就会降低。正如他所说："死亡的人越多，我们就越不在乎。"[15] 在这些实验的许多变体中也有类似的发现。

我们对情感的反应比对事实的反应更强烈。所以，我们不应该感到惊讶，悲伤也可以成为我们的动力。在受害者的照片中，悲伤的面部表情比快乐或中性的照片更能引发捐赠。研究人员表示，这是通过"情绪传染"（emotional contagion）实现的，观众可以间接感受到受害者脸上的情绪。[16]

人们使用不同的程序来对具体情况做出判断,而不是对一般目标做出判断。我们对个人需求的处理更加情绪化,而统计数据则引发了更慎重的反应。越是深思熟虑,情感投入就越被忽视,捐款也就越少。[17]

这是慈善机构为最需要帮助的人奔走呼吁时所面临的双重挑战。他们知道他们可以按下悲伤按钮让人们捐款,但这可能是短暂的反应。他们需要钱去做善事,所以很容易一直按这个按钮。然而,一旦人们被绝望儿童的照片淹没,长期的参与和更积极的支持就会消失,而这需要用进步和成就感来加强。

例如,另一项实验表明,人们愿意为水处理设施支付费用,以拯救一个 11000 人的难民营中的 4500 条生命,但他们不太愿意为同样的设施付费,去拯救一个 25 万人的难民营中的同样数量的生命。挽救较大比例的人的生命感觉像是成功,挽救一小部分人的生命则像是失败。失败的感觉并不好。我们从大量的其他研究中知道,利他主义的关键驱动因素之一是这种个人满足感。[18] 做好事本身就是一种(精神上的)奖励,但前提是我们觉得自己有所成就。

感受恐惧

对未来感到恐惧并非对所有人和所有形式的行动来说都是坏事。2017 年,大卫·华莱士-威尔斯(David Wallace-Wells)在

《纽约》(New York)杂志上发表了一篇关于气候变化的文章,名为《不宜居的地球》("The Uninhabitable Earth"),描绘了全球变暖影响下令人恐惧的最坏情况。[19]这是该杂志历史上阅读量最高的故事,如果你记得负面信息对我们根深蒂固的吸引力,再看看分栏标题,可能就不奇怪了:纽约的巴林河、食物的终结、气候的灾难、无法呼吸的空气、无休止的战争、永久的经济崩溃和污染的海洋。

大多数气候变化专家对这篇文章的评价是煽动恐惧,没有什么帮助。气候科学家在《华盛顿邮报》发表了一篇名为《世界末日情景与否认气候变化一样有害》("Doomsday scenarios are as harmful as climate change denial")的专栏文章,文章称:恐惧"不能激励人们,诉诸恐惧往往会适得其反,因为它往往会让人们逃避问题,导致他们回避、怀疑甚至忽视问题"。[20]乍一看,这似乎与我们所看到的大体一致——效能感和能动性对采取行动来说很重要,但有几点需要注意。

首先,社会心理学认为情绪不是独立的状态;相反,它们总是与彼此以及环境相互作用。随着时间的推移,这种情况会发生变化,这取决于我们看到和收到的是强化还是矛盾的信息(这就是为什么重复在交流中如此重要)。我们并没有完全理解情绪是如何影响现实世界中的行为的,这反映在一些复杂的证据中:得出"恐惧是坏事"和"希望是好事"的结论过于简单化了。

其次,正如我们所看到的那样,矛盾证据的部分原因是,人们对事实、情绪和两者的混合有不同的反应。我同意气候变化方面的作家大卫·罗伯茨（David Roberts）的观点，没有证据表明恐惧在行动中完全没有作用："人类是复杂多样的，需要各种各样的叙述、图像、事实、比喻以及其他形式的群体强化才能达到如此大的效果。"[21] 不能一概而论。

这与我们应该对已经发生的变化和未来可能发生的变化持更积极的态度的观点并不矛盾。华莱士-威尔斯的文章是故意描绘最坏的情况，但它是根据经过验证的专家分析得出的。他最后总结道，不管怎样，大多数与他交谈过的气候变化科学家都对我们的智慧持乐观态度，认为我们能够找到避免世界末日的方法。

* * *

我认为，"新乐观主义"运动是一个重要的平衡因素，许多对它的批评都没有抓住要点，因为它们质疑我们是否真的应该对已经取得的成就感到满足。恰恰相反，"新乐观主义"是要鼓励更多的行动，去对抗一种夸大的感觉，即认为一切都变坏了的感觉，正如我们在许多研究结果中看到的那样。这并不意味着只有希望起作用，人们无法对恐惧做出积极的反应。正如我们所看到的，在许多问题上我们已经强烈意识到我们所面临的挑战。在我们进行的一项全球民意调查中，61%的人同意他们"听到的气候变化的负面影响比听到的减少气候变化的进展更多"，而只有

19% 的人不同意这一点，这并不令人惊讶。[22]

还有其他重要的原因，让我们对世界的进步程度有一个更为现实和基于事实的看法。首先，这是一个真实的世界。与其试图根据对不同情绪反应与我们行为之间的精确联系的不可靠理解来影响社会，不如公开我们所取得的进步，这更合乎道德，也并不否认我们仍然面临巨大的挑战。其次，对已经取得的成就有更多的了解对我们的心理健康是有益的。

第十章　谁错得最多？

> 我们代表意大利人民亲切地接受这枚奖章。我们是一个自豪的国家,但我们不会因为这个奖项而生气。因为我们也是一个感性的国家,一个活在鲜艳色彩和多种姿态中的国家。我认为,这在一定程度上反映了为什么我们经常错得这么离谱。但我们有自己的风格。

伦敦的益普索社会科学家年度会议即将结束。在一个闷热的会议室里,有来自世界各地的大约 50 个研究团队的负责人,我们已经在这里待了两天。会议的感觉不太好,味道也不太好——那种呼吸过度的空气混合着午餐留下的卷边三明治的独特气味。

可以肯定地说,在当时伦敦的任何地方,你很难找到一屋子比他们更疲惫的国际社会科学家了。好在至少还有一个颁奖典礼值得期待。我们不会为最佳研究项目颁奖。我们要为"认知危机"研究中错得最离谱的国家颁奖。这是我们开展这项研究的第一年,我已经准备好了一枚金牌(塑料)和一瓶廉价的起泡酒(这不是奥斯卡颁奖典礼)。

如果我说房间里的气氛很热烈,那我一定是在说谎,但至少大家对谁会"登顶"有兴趣。我们是研究认知的社会科学家,所以对人们何时会犯错,以及人们在哪里错得最多十分感兴趣。但是，从战术上讲，媒体喜欢搞排名：指出世界上犯错最多的国家可以保证媒体的兴趣（这比最正确的国家更重要）。

所以，观众都在等着揭晓结果（这是一张粘贴在幻灯片上的国旗图片，在 42 英寸的电视上播放——再次强调，这不是奥斯卡颁奖典礼）。有史以来第一个错误认知指数奖的获奖者是——意大利！我们意大利团队的负责人南多·帕诺切利（Nando Pagnocelli）非常高兴，你在本章的开头看到了他有趣的获奖感言。

这是我们颁发的第一个奖项，从那以后我们又颁发了几次，获奖者分别是墨西哥、印度和南非。

错误认知指数发挥着重要的作用，它让我们能够确定哪些国家是错误最多的（和最正确的）。你会注意到对于我们研究的不同问题，有些国家的表现往往有好有坏。有些国家的人在一个问题上表现得很糟糕，在另一个问题上则表现很好。这个指数只是一种公平的方式，它将一系列问题的错误标准化，再相加，用来量化错误的程度。

我们为这本书做了一个大型索引，可以查看我们所做的所有研究。这意味着我们可以利用来自 13 个国家约 5 万人在 4 年内的数据，提出大约 30 个问题。我们把范围缩小到 13 个国家，是因为对于我们问过的每个问题它们都有数据。这在任何情况下都是公平的。这 13 个国家的互联网普及率足够高，可以认为这些调查广泛地代表了它们的整体人口。

各国排名的完整列表提供了一个有趣的错误排序的清单。排在意大利之后的是美国，美国的错误认知指数位居第二。在排名的另一端，最准确的国家是瑞典，然后是德国，这并不奇怪，考虑到我们所看到的数据，这是可信的。英国的表现不算太差，排在这两个国家以及韩国和日本之后的倒数第五。

虽然这是一个有趣的总结，但人们不禁要问为什么？为什么有些国家的人比其他国家的人更了解情况？我们能从这些国家的人身上学到什么？这是记者们经常问我的问题。

我们能解释这种模式吗？我们能找到与国家排名相关的因素吗？如果回想一下整本书中讨论的所有关于我们为什么错了的解释，我们能否把数据与每一个解释匹配起来，看看哪些与这个排名相关？

错误认知指数

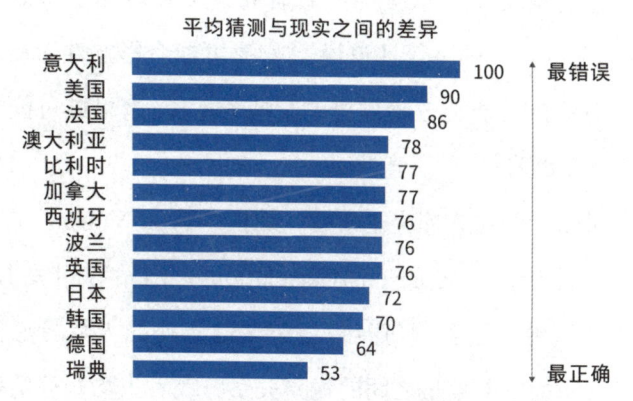

平均猜测与现实之间的差异

国家	指数	
意大利	100	最错误
美国	90	
法国	86	
澳大利亚	78	
比利时	77	
加拿大	77	
西班牙	76	
波兰	76	
英国	76	
日本	72	
韩国	70	
德国	64	
瑞典	53	最正确

图 10-1　意大利和美国民众的错误认知指数最高，而瑞典和德国是认知最准确的国家

第十章　谁错得最多？　219

我们已经尝试过了，接下来将介绍一下我们的发现。首先，认识到我们自己的偏见是很重要的，我们之前提到过。我们天生就会寻找因果关系：作为一种讲故事的动物，这是我们的天性。这就是为什么记者的第一个问题总是问"为什么"。但我们也混淆了相关性和因果关系——我们自然地寻找模式，并赋予它们意义，尽管可能根本就没有意义。这样的例子有很多，你可以在媒体文章中看到它。以一篇将我们之前的两个主题结合在一起的文章为例：《在性生活上多花钱：性生活最活跃的人赚的钱最多》。这实际上是一个相当中性的标题，只是说明了一种相关关系。但这篇文章的评论继续写道："科学家们发现，每周做爱超过四次的人比每周只做爱一次的人的收入高 3.2%。上帝不允许你完全不做爱。"（有点半开玩笑的）因果关系的含义很清楚：如果你想过得更好，你需要动起来。[1]

当然，这篇文章所依据的严肃研究论文背后的学者更为谨慎。《科学美国人》的一篇评论说："健康可能会影响性活动水平和收入，而性也可能会改善健康的某些方面。"因果链可能非常复杂，充满了循环。[2]

人类对归因的迷恋催生了泰勒·维根（Tyler Vigen）主笔的杰出的"假性相关"（Spurious Correlations）网站和相关书籍，例如，该网站展示了美国每年掉进游泳池淹死的人数与尼古拉斯·凯奇出演的电影数量之间的诡异关系，或者人均奶酪消费量与因床单缠绕而死亡的人数之间的诡异关系，或者缅因州的离婚率与人均人造黄油消费量之间的诡异关系（维根的研究着重于奇怪的死亡方式和乳制品）。[3] 当然，很难想象这些例子背后有什么因果关系。

在解释我们的错误认知时，我们需要防范类似的倾向。我们至少有一些理论框架支撑我们对效果的预期。我们有理由认为，我们的错误认知可能与教育水平有关，尤其是统计或新闻素养、不同国家的政治和媒体环境，或与民族文化有关，比如人们表达情感的开放程度。

即使是要证明一个简单的关联也面临着巨大的挑战。首先，我们只有13个国家有足够的数据来计算一个公平的总体指数。当然，这是基于大型研究和成千上万的访谈，但当我们寻找解释模式时，我们仍然只有这13个汇总观察结果，所以必须谨慎。当然，即使国家数量变成现在的两倍，仍然意味着我们的研究结果的说服力有限——这是跨国比较研究的挑战之一。

其次，很难找到这些可能的解释因素的数据。我们花了大量的时间在益普索搜集世界和各个国家的真实情况来进行认知风险研究，所以我们知道自己手上有很多资源，但很难获得有意义的数据去衡量这些概念。获得各国教育水平评级的数据相对容易，但这些都是笼统的指标，而不是我们理想中想要衡量的批判性素养。例如，经济合作与发展组织的国际学生评估项目（Programme for International Student Assessment，简称PISA）数据是衡量高中生在数学、阅读和科学方面相对能力的重要指标，但它们没有提供多少关于每个国家总体人口的关键能力的信息。这同样发生在我们想要研究的许多指标上，包括政治背景、媒体质量和多元性、不同国家的人们如何使用社交媒体以及如何控制社交媒体。鉴于不同人群的人格特征，如何严谨地衡量一个国家的"情感化"程度？

尽管有这些挑战，我们还是尽力收集尽可能多的数据。事实上，我们识别确定了许多领域的几十个指标，从 PISA 评分到衡量一个国家总体社会进步的指标，再到衡量媒体多元化、独立和自由的指标，不同国家不同价值体系的有效指标，网络在线活动的指标，以及更多的态度因素，比如对制度的信任、国家层面如何看待自我的情感表达、我们认为对孩子重要的价值观，以及人们如何看待他们国家的事务。参考文献中给出了我们所用数据的完整列表。[4]

我前面也说了，本着不想给伪相关性产业增砖添瓦的精神，我们没有找到吸人眼球的答案，并声明从我们观察到的模式中只能给出一些泛泛的解读，这也许并不奇怪。然而我们的发现确实有一定的价值——无论是在国家层面还是个人层面，我们在三个领域都找到了充分的证据证明这种关系。

1. 情绪的表达

我的同事南多的直觉似乎有一部分是正确的，因为在国家层面上，我们的错误程度与国家情感表达程度之间存在一定关系，正如艾琳·迈耶（Erin Meyer）在她的《文化地图》(*The Culture Map*）一书中提出的那样。[5] 她的情绪表达衡量标准基于一些因素，比如在那种文化中，人们说话时是否倾向于提高嗓门、触摸对方或热情地大笑。如果我们的情绪反应是我们夸大或淡化现实的部分原因，那么就有理由认为我们的错误认知可能与我们的情绪表达方式有关。

例如，在艾琳的衡量标准中，意大利和法国处于情感表达的一端，而韩国、日本和瑞典处于另一端。英国正走向较冷的一端。反常的是美国，迈耶认为美国在这一范围内处于中间位置，而西班牙则被认为是情感表达最活跃的国家。

所以这还远远不是完美的结果，观察一般模式，还会有一些发现。

2. 教育水平

在国家层面上，我们几乎找不到直接证据证明国家教育水平的评级与我们的错误程度之间存在联系——尽管 PISA 的一些排名背后存在一些模式。例如，在我们的名单中，意大利和美国在阅读和数学方面表现最差，而韩国和日本表现最好。但是，瑞典在 PISA 中得分不是特别高，而加拿大在我们的指数中表现很差，但在 PISA 中表现接近最好。所以它们具有一定的相关性，但不是很强。

在我们的问题中，就个人而言，教育和准确性之间的关系还是较强的。在我们的"认知风险"研究中,最明显的一个模式是,一个人的教育水平越高,认知可能就越准确。例如,纵观 2017 年对 38 个国家的调查,那些教育水平低(没有学历或只具备最低要求教育水平的基本学历)的人猜测,他们国家每年有 29% 的少女生育,而那些教育水平高(本科学历及以上)的人猜测得更准确,回答是 21%,虽然不算最精准。同样,在移民囚犯的比例方面,教育水平低的人猜测的比例过高,为 35%,而教育水平高的人猜测的比例为 24%,这非常接近实际数字。我们再次需要注意,这是一种相关,不能得出因果关系的结论——但从多年的观察来看,我们似乎可以有把握地说,教育与准确性有一定的关系。

3. 媒体和政治

我们发现,各国的错误认知程度与新闻自由、媒体多元化或政府数据开放程度的客观衡量标准之间没有关系。我们的指数评分与人们对政府的评价、对国家发展方向的乐观程度以及对国家机构的信任程度之间没有明显的联系。

然而,有一项指标与我们在国家层面上的错误认知指数有很强的相关性,这个指标就是是否认同"我希望我的国家由一位强有力的领导人而不是由现任政府管理"。最不能认同这一说法的国家是瑞典,其认同程度只有意大利和美国的一半左右(该调查始于 2016 年)。其他在我们的衡量标准中对现实认知错误较严重的国家的民众认同他们希望有一个强有力的领导人，这些国家包括西班牙、法国和澳大利亚。显然，我们需要谨慎地解释这些结果：在不同的国家背景下，这代表不同的意义，显然任何因果关系都很难坐实。

如同教育水平与认知风险的关系一样，也有更清晰的证据表明，在个人层面上，我们的错误认知与我们的政治偏好和媒体消费之间存在一定相关性，但我们只在少数问题上看到了这一点。在2017年的最新研究中，我们首次询问了英国人和美国人对政党的政治支持和媒体消费的情况，以探索这些特征如何与错误认知相互作用。结果发现，人们的错误认知很少与人们的政治忠诚或媒体消费有关。事实上，只有两组数据显示出明显的相关性：移民囚犯的比例和恐怖袭击死亡人数的趋势。

这两个问题背后的模式我们都预料到了。例如，在美国，共和党支持者猜测39%的美国监狱囚犯是移民，而民主党支持者的猜测为28%（实际比例为5%）。在英国，保守党支持者的猜测为39%，而工党支持者的猜测为31%（实际比例为12%）。在美国，右翼的福克斯新闻频道有47%的观众（错误地）认为，与之前15年相比，过去15年恐怖主义造成的死亡人数有所增加，而观看其他新闻来源的观众中，这一比例为34%。然而，我们发现，在英国，不同的广播媒体消费群体的猜测结果并没有差异。

这些是我们在这项研究中发现的仅有的特殊之处——在少女生育、糖尿病水平、自杀率或谋杀率变化等方面没有模式可言。结论和我们所预期的一样，也呼应了我们之前看到的报纸读者和对移民问题的关注之间的紧密联系：在一些高度由身份认同所驱动的问题上，比如移民、恐怖主义等，政治支持和媒体消费似乎与我们的错误认知有关系，但它们并不能决定我们更广泛的世界观和我们观点的准确性。

* * *

总而言之，当记者问我为什么不同国家的错误认知差异如此之大时，我诚实的回答是耸耸肩。这个问题太复杂，我们现有的衡量潜在原因的数据太过粗糙，我们掌握的案例数量又太少。

但是，还有最后一个值得做的跨国比较，它与另一种偏见有关：邓宁-克鲁格效应（Dunning-Kruger effect）。这是社会心理学家大卫·邓宁（David Dunning）和贾斯汀·克鲁格（Justin Kruger）的研究成果，他们发现了虚幻的优越感偏见——我们倾向于认为自己比别人好——与我们的认知能力存在着有趣的关系。他们发现，能力低的人不太能意识到自己正在为生活挣扎，因此比能力高的人更有可能认为自己有能力。[6] 这是一个非常直观的想法，让人想起柏拉图与苏格拉底的一段著名对话，苏格拉底在对话中证明自己是智慧的，正是因为他知道自己一无所知。邓宁和克鲁格在他们的文章中用一个精彩的例子生动地说明了这种效应。

1995 年 1 月，身高 1.7 米、体重 122 千克的中年男子麦克阿瑟·惠勒（McArthur Wheeler）在光天化日之下抢劫了匹兹堡的两家银行。让我们再来看看这个场景（因为我们已经看过肥胖的灾难）：用身高和体重算出 BMI 是 42，这显然属于"病态"肥胖的范畴，这说明惠勒并不是一个不显眼的人。他没有戴口罩，也没有做任何其他试图融入人群的举动——事实上，在走出每家银行之前，他都对着监控摄像头微笑。当晚，警察逮捕了惊讶的惠勒，并给他看了录像带。他目瞪口呆地盯着视频说："但我涂了果汁啊。"惠勒相信了自己对物理学的错误认知，即在皮肤上擦柠檬汁会让他在镜头前隐形。毕竟他认为，柠檬汁可以被用作隐形墨水，所以他应该是隐形的。

这个有趣的故事促使邓宁和克鲁格研究了许多其他类似的影响，从排名靠后的学生对自己得分较高的自信案例，到无知的枪支爱好者对自己对枪支安全的理解过于自信的案例。

在国家层面上，我们对自己对现实情况的估计的信心，是否也有同样的模式？表现较差的人是否拥有超出应有程度的自信？如图 10-2 所示，答案似乎是非常响亮的"是"。在 2017 年的调查中，我们问过人们对自己的答案有多自信。不同于上文的整体错误认知指数，调查结果囊括了更多国家。这对于展示过度自信的情况，确实是有用的。

从邓宁-克鲁格效应的角度来看，这是一张让人非常满意的图表，自信和错误之间（基本上）存在很强的线性关系。图表的

问：想想你给出的所有答案，你对自己有多自信？

对所有答案都有信心的百分比

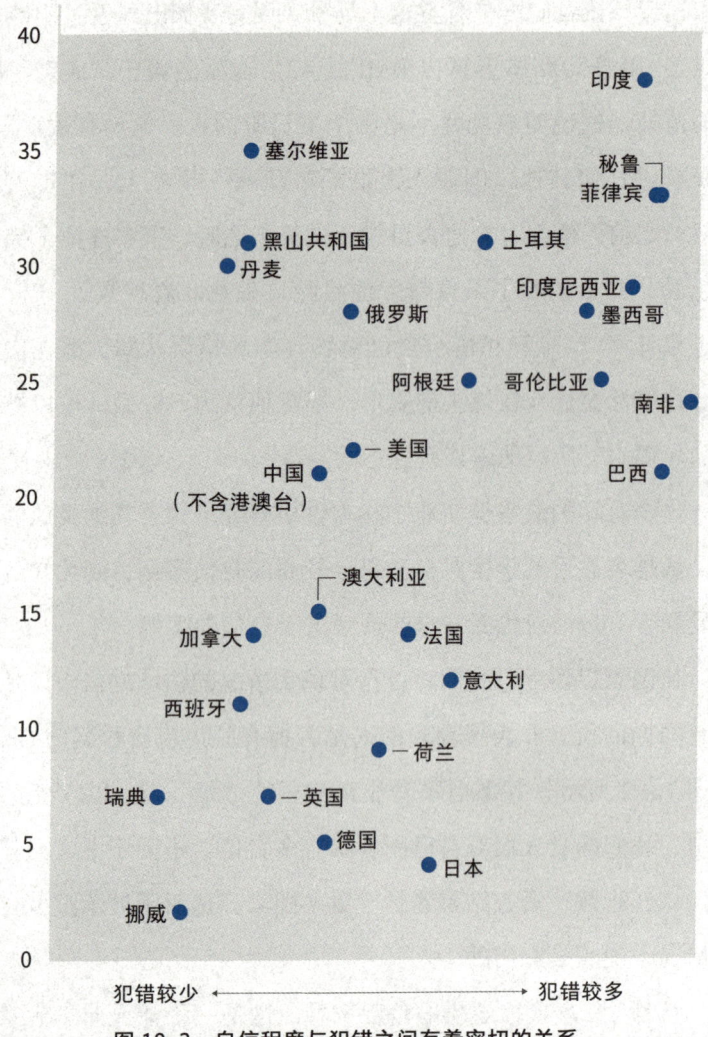

百分比	国家
38	印度
35	塞尔维亚
33	秘鲁、菲律宾
31	黑山共和国、土耳其
30	丹麦
28	俄罗斯、印度尼西亚、墨西哥
25	阿根廷、哥伦比亚
24	南非
22	美国
21	中国（不含港澳台）、巴西
15	澳大利亚
14	加拿大
13	法国
12	意大利
11	西班牙
9	荷兰
7	瑞典、英国
5	德国
4	日本
2	挪威

犯错较少 ←――――――→ 犯错较多

图 10-2　自信程度与犯错之间有着密切的关系，越自信的人犯错越多

一端是印度，在 2017 年的研究中，印度是回答最不准确的国家之一，但令人难以置信的是 38% 的受访者表示他们对所有答案都有信心。左下角是瑞典和挪威，分别只有 7% 和 2% 的受访者表示他们对自己的答案完全有信心，尽管这两个国家属于研究中表现最好的国家。

当然，这种关系并不完美，像塞尔维亚、黑山共和国和丹麦这样的国家更有理由充满自信。就国民而言，似乎有些国家比其他国家更容易受到邓宁-克鲁格效应的影响。考虑到这些国家往往是互联网普及率较低的国家，如印度、菲律宾和秘鲁，部分原因是他们认为自己不寻常的生活经历和所属群体在他们国家比实际情况更寻常。这是一个有用的警告，它提醒我们"我们看到的就是一切"是危险的。下面进入本书的最后一部分，我们应该做些什么来改善我们的认知风险。

第十一章　管理我们的错误认知

大多数关于我们为什么错得这么严重的讨论，出发点都认为错误只是由外部环境造成的。我们错了只是因为我们被误导了，而不是因为我们的想法、我们反复犯的错误。

正如我们所看到的，原因不止有一个，而且绝对有充分的证据表明我们的错误是因为我们的媒体或政治误导了我们。我们对事实的无知和错误认知是长期存在的，而且超越时间和国家的界线。我们忽视了 20 世纪 50 年代英国犯罪统计的现实，而 40 年代美国的政治知识也不比今天好多少。

我们倾向于认为我们这个时代是一个信息匮乏的时代，同时是一个新的"后真相"时代，人们被"假新闻"所困扰。但政治上的虚假信息并非始于 2016 年美国总统选举，也不是始于有关欧盟预算的可疑说法，更不是始于 2017 年法国总统选举期间出现的有关法国政府用伊斯兰和犹太节日取代基督教节日的完全虚假的传闻。[1]

各国政治对话中信任程度的变化趋势表明近年来并不是黄金时代。即使是在 1944 年夏天诺曼底登陆时，也只有 36% 的英国人认为政府会把国家利益置于个人或政党利益之上，认为政府值得信任。人们普遍认为这种新的信任崩溃已经把我们推向了后真相世界。[2] 不过，在我们此前的论述中很难找到支持这一论点的论据。例如，纵观所有欧盟国家，2017年底各国政府的总体信任度（38%的人表示信任本国政府）与2001年（36%的人表示信任本国政府）几乎没有差别。当然，调查中也有某些国家的信任度大幅下降——例如，西班牙的信任度从55%降至22%——但瑞典和德国等其他国家的信任度有所上升，平衡了总体数据。[3]

事实上，1983年在英国进行的民意调查中，我们观察到的最常见的模式是民众对从公务员、工会官员到警察等各行各业的信任感都在上升。英国脱欧运动中最著名的言论之一来自政客迈克尔·戈夫（Michael Gove），他说："这个国家的人已经受够了专家。"[4] 然而，实际上我们看到的是人们对科学家和教授的信任度大幅上升。实际上，近年来唯一一个信任度显著下降的职业是神职人员。显然我们不应该认为自己处于一个新的"启蒙时代"，但我们也没有看到人们对专家真实性的全盘否定。

另一方面，政客和记者则竞相成为最不受信任的职业，目前政客在英国人最不信任的职业排名中"获胜"。但问题是，这并不是什么新鲜事：信任度几乎与我们1983年开始调查时一样。每年都有一些研究声称会出现"新的信任危机"，但证据不足，它更可能反映了我们对过去乐观的回顾，回顾一个尊重和顺从的神话时代。

任何关于信任的研究都会很快告诉你，新信任是一个模糊的概念，它与情境有关——你信任某人会做什么，在什么情况下这样做。更重要的是，若要研究错误认知的问题，你在哪些话题上信任哪些专家？通信技术的巨大转变让我们超越认知做出选择。信息来源和社交媒体的爆炸式增长，加上我们寻求能证实自己观点的信息、回避不能证实自己观点的信息的自然倾向，推动着我们向支持我们现有观点的专家求助。

在我们所处的环境和我们的思维方式中，还有很多其他的倾向会将我们引入歧途，扭曲我们对世界的看法。正如我在引言中概述的那样，这些因素都在一个范围内运行，从我们内在的部分、能力、思考方式（数学和统计能力、评判素养、偏见和启发式，包括"情感性数盲"以及我们通过心理物理学进行的"对冲"）到那些外部驱动的部分（媒体、社会传播技术、政治以及我们直接看到和体验到的东西）。

问：对于以下每一种职业，你相信他们说的是真话吗？

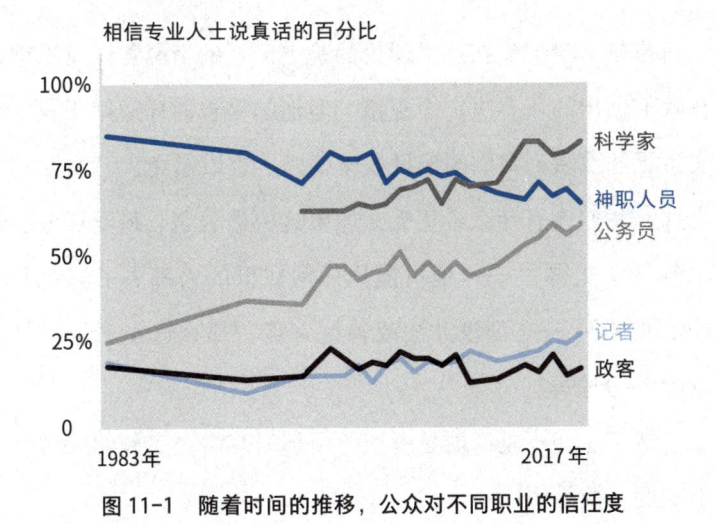

图 11-1　随着时间的推移，公众对不同职业的信任度

很显然，这是一种简化，每个因素都与其他因素相互作用。每种方法对不同的问题都有不同的作用，而且并不是所有的方法都具有同等的重要性。特别是，我们的偏见和启发式涵盖了大量不同的解释，而"情感性数盲"本身就能解释我们看到的很大一部分模式。

这些因素提供了一个清单来考虑每个错误：了解我们在特定问题上犯错的主要原因，并指出我们对此可以做些什么。

我们能做些什么？

> 我研究这个东西已经差不多45年了，但我一点进展都没有。[5]

丹尼尔·卡尼曼在这里谈论的是更广泛的情况，以及思维如何在我们做出的所有决定中犯错，但他的警告同样适用于我们对现实世界的看法。我们的偏见根深蒂固，难以避免。

那么我们还有什么希望呢？如果这位最著名、最受尊敬的诺贝尔经济学奖得主——他可能比任何在世的人都更了解我们陷入的心理陷阱——都没办法改善这一点，那么这本书是不是在浪费读者的时间？

当然，这并不是卡尼曼所说的全部内容。更完整的采访片段给了我们一线希望：

卡尼曼：我完全不看好《思考，快与慢》（*Thinking, Fast and Slow*）这本心理自助书。就像你说的，我从我的经验中知道，我研究这个东西已经差不多 45 年了，但我一点进展都没有。事实上，当我们（丹尼尔·卡尼曼和他的长期合作者阿莫斯·特沃斯基）检查我们错误的直觉时，犯错就开始了。我们都是教统计学的，我们都有和我们教的东西不一致的直觉，这实际上是一个游戏——理解我们的直觉与规律不一致的地方。系统 1（快速、本能的思考）不会发生任何变化。

采访者：所以重点是，你不需要教人使用系统 1，你可以练习系统 2，并且可以让系统 2（更慢、更慎重的思考）意识到在什么时候不应该信任系统 1？

卡尼曼：就是这样。你可以识别出其中的提示，它告诉你"哦，我可能会犯错误"。你很少这样做。答案通常是让自己慢下来，也就是把系统 2 纳入考虑。[6]

1973 年卡尼曼和特沃斯基在他们开创性的论文中，用一个非常实用的例子来支持这一建议，这个例子直接关系到我们如何看待世界。他们指出，一个物体的视觉距离是由它的清晰度决定的——一个物体看起来越清晰，它就看起来越近。所以在晴朗的日子里，距离会被低估——我们无法控制这种感觉，它是自动发生的。[7]

然而，当我们最初的感知可能有偏见时，我们是可以学习的。我们可以放慢脚步，考虑一下我们是否被引入歧途了。所以，当我们决定要不要爬山时，我们应该停下来想想，是不是因为天气晴朗，山顶看起来比实际距离近得多。

罗尔夫·多贝里是著名的认知错误概论《清醒思考的艺术》(The Art of Thinking Clearly)的作者，他提出了类似的观点。他并没有提供"避免错误生活的七个步骤"。但他也说，在列出他曾经陷入的陷阱清单后，他感到更平静、更清醒，这帮助他更快地认识到自己的错误。[8] 我看到的所有证据都证实，我们无法摆脱这些错误——事实上，我们并不想摆脱这些错误，因为这些错误是我们如何思考和感受的有用线索。同时，了解这些常见的陷阱将有助于我们避免对世界抱有完全的偏见这一最严重的过度行为。

在指出这些陷阱的同时，我也在努力证明人们并不完全是它们的奴隶。看看我们书中概述的一些经典研究：在阿希的线条对比实验中，只有 1/3 的人陷入了极端的同侪压力；在李·罗斯的佩戴牌子实验中，只有 60%~70% 的人认为其他人会做出和自己同样的反应；在艾瑞里的锚定实验中，那些社会保险号码最后两位数字数值较大的人对葡萄酒的平均出价更高，但并非每个人都受到了显著影响。

即使有时我们会被自动思维过程所驱动，如心理物理学解释了我们为什么高估或低估不同社会特征，这也有一个"好消息"：它表明我们对世界的大部分错误看法只是我们重新调整数字的方式，它们并不总是反映深刻偏见的态度。

　　除了单独解决这些错误认知之外，沟通环境也很重要。虽然我们不应该认为曾经有过信息完全中立的时代，但也不应该欺骗自己说我们正在走向一个虚假信息有更多机会被制造、更快地被传播的世界。通信技术革命对我们的生活产生了许多巨大的积极影响，包括在政治领域，人们之间的联系和一些突出的问题已经发生了真正的变化，不仅在"阿拉伯之春"这样的事情上，也在无数方面："#我也是"（#MeToo）和"#黑人的命也是命"（#BlackLives-Matter）这两个标签表明了通信技术在关键社会运动中的核心地位。但这种技术与身份政治的发展相结合时，也会利用我们的自然倾向，即强化我们现有的观点，忽视与现有观点冲突的信息。

* * *

　　我对个人避免这些陷阱的能力或集体改善环境中的"信息污染"的能力并不悲观。恰恰相反——我们有理由抱有希望。

　　下面来看帮助我们形成更准确的世界观的10个小贴士。它们不仅适用于你在小测验或我们的调查中被问到社会现实问题这一罕见情况，或者在婚礼晚宴上大秀你对世界各地青少年怀孕率的了解（尽管我会这样做）。它们在我们如何看待世界、优先考虑什么以及如何获取新信息方面有着更广泛的应用。先从与我们

第十一章　管理我们的错误认知　　237

作为个体的思考方式更相关的部分开始,然后转向我们需要采取的社会行动。

1. 事情并不像我们想的那么糟,而且大多数情况正在好转

"情感性数盲"是一个非常重要的概念,它解释了我们对许多社会现实的看法为什么会有如此多的错误。我们的担忧导致了我们高估,而这种高估又反过来加重了我们的担忧。这使得错误认知成了了解我们真正担心的东西的有用线索——但这也意味着,如果我们认识到自己担心的是什么,我们就可以控制自己的错误认知。

这与一个更普遍的观点有关,即大多数社会现实正在变得更好。并不是所有的事情都是如此,那些正在改善的事情通常不会像我们希望的那样好转得那么快或那么多。但假设大多数事情都在随着时间的推移而改善,可能比相反的假设更准确。

这条捷径之所以有用,不仅仅是因为我们忽略了正在取得的巨大进步。这很重要,因为我们总是从相反的角度思考。我们倾向于"美化回忆",即我们会从回忆中剔除不好的一面,强调好的一面。这是人类的一种有用的技能,因为它能让我们不再沉溺于过去的痛苦,释放出更多的精神空间。但它也助长了一种错误的观点,认为今天比以往任何时候都糟糕。我们要避免这种看法,因为我们知道,某种成就感是影响我们行为和感受的重要动力。不仅如此,对事物变化的过于悲观的看法会导致极端的反应，会毁掉已经取得的成就，因为我们会对已经取得的进展视而不见。

2. 接受情绪，但要挑战思想

这不是一本关于正念的书，我也不是在引用脸谱网上的"励志名言"。没错，这句话出自安德鲁·G. 马歇尔（Andrew G. Marshall）的一本中年危机自救书（我没读过这本书，也没读过这个系列的其他书，你懂的），但它完美地适用于我们看待现实的方式。[9]

否认我们对移民有情绪反应（无论是积极的还是消极的）是毫无意义且不可能的，但接受这些情绪并试图理解它们却是有意义的。用深思熟虑来调节我们的即时情绪反应相当困难——但这是关键。这与卡尼曼敦促我们放弃改变系统1的反应，而是训练自己在需要时让系统2反应发挥作用是类似的。

3. 培养怀疑主义，而不是犬儒主义

在《轻信年鉴：我们为什么会受骗以及如何避免受骗》（*Annals of Gullibility: Why we get duped and how to avoid it*）一书中，斯蒂芬·格林斯潘（Stephen Greenspan）建议我们培养怀疑主义，而不是犬儒主义——因为在光谱的任何一端走得太远都是危险的。[10] 这是一条很难走的路，但也是一条关键的路。

我们已经看到，要建立正确的世界观，最根本的一个挑战是要让我们渴望避免认知失调，放弃已经相信的东西。这些认知失调导致了各种各样的确认偏见、定向动机性推理和不对称更新，它们使我们忽略相反的信息，只接受支持我们论点的观点。

一些怀疑是有价值的，但态度上应该保有一定的一贯性——否则我们就会左右摇摆，总是相信我们听到的最后一件事。[11] 犬儒主义使我们很容易忽略相反的信息，但太开放又使我们很容易上当受骗。媒体环境中充满了我们需要警惕的极端现象。这不仅仅是新闻业中频繁出现的血腥场面，"如果流血，它就会引领话题"。英国广播公司记者埃文·戴维斯（Evan Davis）在他关于后真相的书中提到了媒体的另一个古老格言："先简化，再夸大。"正如他所描述的那样，那些在媒体工作的人必须把他们的节目努力卖给编辑和观众，这有时意味着要让节目听起来"很大"，即使内容材料是"小或中等"的分量。他概述了一个事实是如何被报道的，一个合理的解释是如何放置在这个事实上的——但之后它被夸大到超出了应有的程度。比起"假新闻"，人们更容易陷入这个更常见的陷阱。[12]

美国社会心理学家詹姆斯·彭尼贝克（James Pennebaker）的一项著名的实验表明，写下自己的情绪可以改善我们的健康状态。他还建议用一种更为积极的方式与媒体互动，建议我们改变消费新闻的方式，从被动接受转变为主动思考信息并试图理解信息。在我们的网络世界中，这类似于事实核查者使用的横向阅读策略，边读边验证。一直这样做可能太累了，但稍微多做一点可能会有帮助。[13]

4. 别人并不像我们想象的那样和我们类似

当周围有大量令人困惑和明显矛盾的信息时，我们自然而然地倾向于依靠自己的直接经验，并认为我们看到的就是一切，这是可以理解的。我们看到的那些最大的估测错误，归根结底是我们认为自己和我们的朋友圈是绝对典型的。这其实是个问题，不仅因为我们通常不像我们想象的那样典型（就像上网的印度人一样），而且还因为我们经常对自己的特征有非常错误的认知（例如，我们会低估自己的体重或糖分的摄入量）。认识到别人有多么不同以及我们对自己有多大误解，对于形成更准确的世界观非常重要。（至少，我希望我在这本书中展示的关于世界的事实数据能说明这一点。）

5. 我们对极端例子的关注也会让我们误入歧途

另一方面，也有很多例子表明我们对他人有刻板印象，经常往最坏的情况想。我们需要考虑我们的观点在多大程度上受到我们所记得的生动故事的影响。我们天然会被极端的例子所吸引，这意味着真实但极其罕见的群体或事件占用了我们更多的脑力。当被问及移民问题时，我们会想到贫困者寻求庇护，会想到一个关于少女妈妈的生动故事，会被最骇人听闻的恐怖事件分散注意力。但这些都不具有代表性——大多数事情都没有那么引人注目。通常情况比我们的心理形象更无聊。

要克服这一点,一方面要了解你在社会中的位置,并欣赏社会的多样性,另一方面你也要敞开心扉,接受不同的观点。

6. 开放我们的世界,控制虚假

在我们日益网络化的生活中,开放视角意味着试图戳破我们的过滤气泡、打破我们的回音室,区分准确的信息和误导性的信息。我们概述了大规模实现这一目标所需要的全社会的努力。没捷径可走,但有一些方法需要政府、媒体、科技公司、教育工作者和研究人员都参与其中。

在可能涉及立法或监管的情况下,需要谨慎地思考需要采取的行动,而不是对"假新闻"或"回音室"引发的道德恐慌做出下意识的反应。如果政府批准的镇压导致各州对"实情"进行监管,那么治疗可能比疾病本身更糟糕。

这一点可以从世界各地各种各样、有时考虑不周的反应中看出。例如,2018年,在民众至少达了对言论自由的普遍担忧之后,印度政府撤回了将被认为撰写了假新闻的记者列入黑名单的争议计划。[14]

然而,法国通过了另一项争议极大的法律,允许法官在竞选期间删除假新闻,但在此之前法国参议院已经两次否决该项立法。[15]

欧盟委员会采取了不同的做法,为脸谱网和谷歌等平台的自我监管制定了自愿行为准则，承诺会控制传播虚假信息的公司的广告收入，关闭虚假账户，并让政治广告更加透明。但这受到了来自另一个方向的批评，即认为这些行动需要走得"更远、更快"。[16]

这些不同的经验表明，在合法控制不良行为者和国家审查之间做出界定是多么困难。眼下的重点应该放在最重要的地方：更新选举法律法规，以应对政治竞选的新能力。在特朗普竞选团队在 2016 年大选前投放了 590 万份不同广告的环境里，我们需要更高、更及时的透明度，以了解谁对哪些群体说了什么。一些国家正在采取行动，使选举广告与时俱进，但我们需要采取更果断的行动。

但是，若要在控制虚假信息以及防止世界过度过滤或支离破碎方面采取更广泛的行动，还需要时间和深思熟虑。我们不应该对特定的威胁做出零碎的回应，而需要明确我们正在应用的原则，以确保它们适合未来的目标。

与此同时，在个人层面上，我们可以做一些非常实际的事情，使用越来越多的工具帮助我们实现突破。例如，FlipFeed 允许你随机查看与你观点完全相反的人的推特消息。应用程序"跨通道阅读"（Read Across The Aisle）将自己定位为一款帮助我们消除确认偏见的健康工具："当你在过滤气泡中感到过于舒适时，这款应用程序会检测出来——它会提醒你去看看其他人在看什么。"[17]

第十一章　管理我们的错误认知　243

主流媒体也在尝试类似的方法。《华尔街日报》创建了"蓝推送、红推送"（Blue Feed, Red Feed），以反映内容的不同政治倾向。BuzzFeed 的"泡泡之外"（Outside Your Bubble）汇集了各种观点，英国《卫报》的每周专栏"打破你的泡泡"（Burst Your Bubble）则为该报的左翼读者提供了"五篇值得一读的保守派文章"。[18]

7. 批判、统计和新闻素养很难改变，但我们可以做得更多

我曾与一位政府统计学家和一位研究错误认知的学者进行过一次有趣的讨论。我们讨论了人们对世界的看法经常有多么错误，这是统计学家长期以来关注的问题。当谈到我们能做些什么的时候，我们很快就想到了统计素养和批判性思维，及其通过教育系统尽早开始培养的必要性，因为等到成年时再培养就太晚了。我们认为，我们需要统计学、新闻素养和批判性思维课程，使用真实世界的例子，鼓励孩子们去质疑他们被告知的信息。统计学家沮丧地点点头说：

> 当我研究对统计数据的歪曲以及它如何影响人们的看法时，我认为有三个途径可以做出改变：改变学校课程、让政客更恰当地利用统计数据，以及关注媒体。我首先选择尝试改变政客和媒体。这会让你明白改变学校课程是多么困难。

这听起来可能有些失败主义，但统计教学的抽象程度令人深感沮丧。它让孩子们失去了统计和批判性思维的能力，这是可悲的，因为我们本来可以用这么多现实世界中的精彩例子来激发他们的兴趣。

不过，我相信对新闻素养越来越多的关注可以打破这种僵局：我们需要新的技能来应对变化巨大的信息流，这为我们的努力提供了一个重点，意大利等国已经采取了重大举措，将其纳入核心课程。它确实正在成为我们这个时代的社会、文化和政治挑战，而这些行动是一种关键的回应。

当然，我们需要警惕那些声称改变我们的本性或者提高我们的技能就可以完美解决问题的观点：我们无法教会我们的孩子人性，批判性思维也不是防止错误认知的放之四海而皆准的方法。把人们改造成"行走的百科全书"并不是我们的目标，我们的目标是为人们提供一些成为合格公民所必备的工具，包括认识我们固有的偏见。

8. 事实仍然有效，事实核查很重要

使用事实来纠正错误认知的学术文献揭示出非常复杂的结果。它有时起作用，有时起一部分作用，有时却根本不起作用。这种影响有时会持续很长一段时间，有时却不会。这在很大程度上取决于被测试的问题、它是如何被测试的以及我们期望从事实知识到政策偏好再到信念的转变中得到什么。

牢记认知失调理论并思考我们对自己的思维方式的了解很有意义。我们天然会寻找得到证实的信息，而忽略没有得到确认的信息。当证据达到一个临界点，并且有足够的证据反对我们当前的观点时，我们就会改变观点。这种不和谐在情绪上是不愉快的，当我们坚持我们当前的观点时，改变它比坚持它更让人不愉快。

我们要传达的信息是，我们虽然不能总是用更多的事实来解决错误认知，但这不意味着我们应该完全放弃事实。人是非常多变的，在不同的情况下不同的方法适用于不同的人。

无论纠正他人或纠正信息是否有效，都有道德方面的考虑。误用事实是错误的，当事人应该负有责任，特别是当虚假信息产生严重后果时，比如疫苗接种的问题。当人们被那些创造和控制信息的人所利用或辜负时，我们很容易得出结论说人们很愚蠢，但这并不正确。

如果没有威慑，也没有被发现及纠正的威胁，信息虚假的程度将会严重得多。事实核查对那些满不在乎的人来说可能只是一种轻微的威慑，但有些人确实在乎——而纠正他们确实改变了他们的行为。例如，英国一个主要政府部门的统计主管已经设定了一个正式的目标，即他们将努力不受到英国事实核查机构"全面事实"的批评。[19]

当然，事实核查不仅仅是纠正已经存在的虚假信息或者讽刺那些制造或传播虚假信息的人。更多地是要先发制人，在系统中建立事实核查机制，并在虚假信息开始散播前进行阻止。我们需要在这些方法上投入奉献精神和聪明才智，至少做到与那些开发、传播虚假信息的工具和内容的人一样。

9. 我们还需要讲故事

尽管事实很重要，但考虑到我们大脑的运行机制，仅靠事实是不够的。我们需要意识到人们是如何听到和使用它们并将它们转化为故事的，这些故事可能并不总能引出正确的结论。这呼应了心理学家罗伯特·西奥迪尼对使用描述性规范（即大多数人在想什么或做什么）来说明问题的严重性的担忧。告诉人们大多数人超重或肥胖是有用的，这个事实能让我们从自满中清醒过来，但除了听说肥胖是一个大问题之外，还有一个真正的风险，就是人们会觉得肥胖是正常的。正如我们所知，人们会随波逐流：如果我们听到别人在做某事，我们也会更倾向于这么做——即使这对我们不利。

这就是为什么在有争议的问题上，活动家们学会了关注故事，而不是关注统计数据。例如，在改变人们对移民的典型观念方面，单凭数字来辩论是毫无意义的。相反，重点应该放在展示真实的例子上，展示恰好是移民的真实个体，以改变人们脑海中的刻板印象。

科学作家、怀疑论者协会创始人迈克尔·舍默（Michael Shermer）强调了你可以采取哪些步骤说服人们相信他们的观点是错误的：重要的是讨论而不是攻击，承认你理解一种观点的本质，并表明改变我们对事实的理解并不一定意味着改变我们的整个世界观。[20]

事实和故事之间不存在矛盾，你不需要只选择其中一项来表明你的观点。故事对我们的影响力意味着我们需要让人们同时参与到事实和故事中。

10. 更好、更深入的参与是可能的

"理性的无知"学派认为，我们不可能改变原始的政治和社会知识——它们是长期存在且稳定的规则，很难看到它们为什么会改变。但"理性的无知"的支持者也指出，更明智的思考也是可能的。美国政治学家布鲁斯·阿克曼（Bruce Ackerman）和詹姆斯·菲什金（James Fishkin）在 2012 年提出了一个相当激进的想法，即设立全国审议日。[21] 在每次选举之前，都会有一个全国性的节日邀请公民参与公共社区讨论。人们聚集在一起，大约 500 人一组，听演讲并向专家或代表提问。参加此类活动将获得报酬，其间强迫员工工作的雇主将受到惩罚。这显然不是一种成本低廉的方法，但它很可能值得花钱去做。

当然，其中也存在许多挑战：实用性和成本；对操纵和操纵感的容忍度；人们需要知道的事情太多了，只用一天、一周，甚至一年去了解就够了吗？

我亲眼见到了类似想法的影响力。我们为政府和其他人举办了一天、一个周末或有时时间更长的审议活动，讨论一些极其复杂的话题，从城市的未来到社会关怀的未来，到转基因食品的可接受性，再到对人工智能的担忧——甚至包括如何让人们参与政府的立法计划等极其无聊的话题。毫无疑问，人们的观点会随着他们听到的越来越多的消息而发展，并且会挑战他们自己和他人的想法。人们愿意接受证据、愿意倾听，是的，甚至愿意在这样的环境中改变自己的观点。人们很少完全颠覆自己的世界观，但这不是目标。当然，在审议日或公共对话活动这种人工环境之外，目前还不清楚这种状态能维持多久。该方法的全部影响还没有得到衡量，因为它从未得到充分实施。

然而，潜力是存在的，而且随着新技术使其更加可行和有效，这种潜力还在不断增长。在各种环境中，有许多令人兴奋的新兴数字对话和参与方法正在试验中，它们将人们与比以前更广泛的各种想法、对话和证据联系起来。它们是对民主问责制的补充而不是替代——大多数人没有管理政府的能力、时间或意愿——但它们仍然可以在提供信息和提升参与度方面发挥重要作用。[22]

* * *

没有什么神奇的公式可以处理我们的错误认知：它们普遍且长期存在，因为它们往往是建立在我们的思维方式上的。但我们可以做一些实际的事情来改善。我们不需要为了承认情绪的重要性而放弃事实。事实上，这是一个错误的区分，因为这两者是密不可分的。[23]就像本书中强调的那样，我们远远不能做到完全知情或理性，我们也不是机械行事的死脑筋，对证据视而不见，始终固守一个观点，或者仅仅为了维持一个固定的身份而被驱使。

我希望本书概述的事情并不像人们时常描绘的那么糟糕。首先，这个世界虽然变化惊人（有时也不那么惊人），但往往远没有我们想象的那么糟糕。其次，虽然我们可能会犯错，但我们并不都像我们想象的那样愚蠢、固执或狭隘。我们确实会改变自己的想法，即使这并不容易发生。更好地了解我们的缺点并不意味着成为它们的奴隶，也不意味着我们是完全可以预测的。在心理学课上，我真的不需要这么幼稚地为自己辩护。

就像我们的错误认知永远不会完全消除一样，它们同样不应该被忽视。它们本身就很有价值，因为它们告诉我们应当如何思考、我们在担心什么、我们相对于他人如何看待自己、我们认为规范是什么进而如何表现自我。理解为什么我们常常错得这么离谱，能让我们学到很多东西。

致　谢

这是我的第一本书，写得很艰难。不仅是对我自己来说，对我身边的人来说也是如此。尤其是我的伴侣露易丝，她非常理解我对写作的痴迷。如果没有她的支持，这本书是不可能完成的，其中包括允许我（避开孩子们）待在伦敦的另一处居所，一住就是几个星期。

要改掉写学术报告和期刊文章的习惯是很难的，我敢肯定我并没有完全成功。但如果没有我的编辑团队——迈克·哈普利（Mike Harpley）、茱莉亚·凯拉韦（Julia Kellaway）和罗宾·丹尼斯（Robin Dennis）——的卓越指导和不时的有力干预，情况会糟糕得多。若仍有任何冗长段落或思路不连贯之处，都是我的责任。

还有很多人帮助这本书成为可能，尤其是我的研究助理丽贝卡·库利赞（Rebekah Kulidzan），她总是很乐观，一直鼓励我，她的研究很快就涵盖了这么多领域。

还有益普索公司优秀到令人难以置信的团队，他们开发和运行了本书所基于的所有研究。特别是：詹姆斯·斯坦纳德（James Stannard）、莱拉·塔瓦科利（Leila Tavakoli）、夏洛特·桑德斯（Charlotte Saunders）、罗西·哈泽尔（Rosie Hazell）、加利尼·潘特里杜（Galini Pantelidou）、汉娜·谢里姆普顿（Hannah

Shrimpton)、库莉·考尔-巴拉甘(Kully Kaur-Ballagan)、苏珊娜·霍尔(Suzanne Hall)、吉迪恩·斯金纳(Gideon Skinner)和迈克尔·克莱门斯(Michael Clemence);还有收集数据的同事,保罗·阿贝特(Paul Abbate)、凯文·齐默尔曼(Kevin Zimmerman)和尼克·萨莫伊洛夫(Nik Samoylov);以及那些进行巧妙统计分析的人,帕维尔·帕鲁乔斯基(Pawel Paluchowski)、芬坦·奥康纳(Fintan O'Connor)、彼得·哈斯勒(Peter Hasler)和凯文·皮克林(Kevin Pickering)。

我还想感谢益普索令人惊叹的图像和传播团队,他们是认知风险系列研究成功的关键,影响了数百万人,特别是萨拉·甘德里(Sara Gundry)、茱莉亚·纳斯(Julia Nurse)、汉娜·威廉姆斯(Hannah Williams)、邓肯·斯特拉瑟斯(Duncan Struthers)、汉娜·米勒德(Hannah Millard)、克莱尔·沃瑟斯彭(Claire Wortherspoon)、阿利亚·汗(Aalia Khan)和吉姆·凯莱赫(Jim Kelleher)。同时,也要感谢益普索在世界各地其他办事处的同事,感谢他们将调查结果结合本国的实际情况进行分析。

如果没有我们的老板的支持,这一切都不可能实现。多年来,他们让我沉迷于研究错误认知,当我把它应用到每一种情境时,他们并不加以干涉,尤其是本·佩奇(Ben Page)、达雷尔·布里克(Darrell Bricker)、南多·帕格诺切利(Nando Pagnocelli)、亨利·沃拉德(Henri Wallard)和迪迪埃·特楚特(Didier Truchot)。

非常感谢益普索以外的人们，他们慷慨地抽出时间并提供专家建议：印第安纳大学的大卫·兰迪向我介绍了心理物理学；达特茅斯学院的布伦丹·尼汉为我们介绍了他出色的研究；马克斯·罗泽，感谢他为我提供了大量数据来说明世界所取得的进步；欧拉·罗斯林与我进行了关于事实重要性的精彩对话；"全面事实"的威尔·莫伊（Will Moy）和艾米·斯皮特（Amy Sippit）为事实核查不断变化的本质提供了宝贵的见解；剑桥大学的大卫·斯皮格豪特介绍了如何衡量风险感知；救助儿童会（Save the Children）的马特·威廉姆斯（Matt Williams）讲述了慈善机构在激励我们捐款和采取行动方面面临的挑战；英格兰体育局的丽莎·奥基夫（Lisa O'Keefe）介绍了体育参与运动背后的思考；行为洞察团队的欧文·瑟维斯（Owain Service）和大卫·哈尔彭（David Halpern）为我们提供了一些为什么我们会误解现实的好案例。

说 明

所有最新的《认知差》数据可以在 https://perils.ipsos.com/ 上找到，所有《认知差》作品的完整档案可以在 https://perils.ipsos.com/archive/index.html 上找到。

注　释

引言　危险无处不在

1. Dylan, S. (2015). Why I Give My Students a 'Tragedy of the Commons' Extra Credit Challenge. Retrieved April 11, 2018, from https://www.washingtonpost.com/posteverything/wp/2015/07/20/why-i-give-my-students-a-tragedy-of-the-commons-extra-credit-challenge/?utm_term=.605ed5e5401a
2. Poundstone, W. (2016). *Head in the Cloud: The Power of Knowledge in the Age of Google*.London: Oneworld Publications.
3. The Local Europe AB. (2018). From Flat Earth to Moon Landings: How the French Love a Conspiracy Theory. Retrieved April 11, 2018, from https://www.thelocal.fr/20180108/from-flat-earth-theory-to-the-moon-landings-what-the-french-think-of-conspiracy-theories; McKinnon, M., & Grant, W. J. (2013). Australians Seem to be Getting Dumber – But Does It Matter? Retrieved April 11, 2018, from https://theconversation.com/australians-seem-to-be-getting-dumber-but-does-it-matter-16004; Rudin, M. (2011). Why the 9/11 Conspiracies Have Changed. Retrieved April 11, 2018, from http://www.bbc.co.uk/news/magazine-14572054; Wireclub Conversations. (2014). Conspiracy Theories That Were Proven True, Conspiracy Poll Results. Retrieved April 11, 2018, from https://www.wireclub.com/topics/politics/conversations/UZ5RfgOnSgewgJ3e0
4. Somin, I. (2016). *Democracy and Political Ignorance: Why Smaller Government Is Smarter*. Stanford: Stanford University Press; Delli Carpini, M. X., & Keeter, S. (1991). Stability and Change in the U.S. Public's Knowledge of Politics. *Public Opinion Quarterly*, 55(4), 583–612. https://doi.org/10.1086/269283
5. Flynn, D. J., Nyhan, B., & Reifler, J. (2017). The Nature and Origins of Misperceptions: Understanding False and Unsupported Beliefs About Politics. *Political Psychology*, 38(1), 127–150. https://doi.org/10.1111/pops.12394
6. Schultz, J. (2017). How Much Data is Created on the Internet Each Day? Retrieved April 11, 2018, from https://blog.microfocus.com/how-much-data-is-created-on-

the-internet-each-day/

7. Reas, E. (2014). Our Brains Have a Map for Numbers. Retrieved April 11, 2018, from https://www.scientificamerican.com/article/our-brains-have-a-map-for-numbers/

8. Wells, H. G. (1903). *Mankind in the Making*.

9. RSS Web News Editor. (2013). New Data Reveals Mixed Public Attitudes to Statistics. Retrieved April 11, 2018, from https://www.statslife.org.uk/news/138-new-data-reveals-mixed-public-attitudes-to-statistics

10. Laplace, P. S. (1814). *Théorie Analytique des Probabilités, Volume 1*.Paris: Courcier.

11. Ipsos MORI. (2013). Margins of Error: Public Understanding of Statistics in an Era of Big Data. Retrieved April 11, 2018, from https://www.slideshare.net/IpsosMORI/margins-of-error-public-understanding-of-statistics-in-an-era-of-big-data

12. Duffy, B. (2013b). In An Age of Big Data and Focus on Economic Issues, Trust in the Use of Statistics Remains Low. London. Retrieved April 11, 2018, from https://www.ipsos.com/ipsos-mori/en-uk/age-big-data-and-focus-economic-issues-trust-use-statistics-remains-low

13. Kahneman, D. (2011). *Thinking Fast and Slow*. Penguin.

14. Reuters Staff. (2018). Americans Less Likely to Trust Facebook than Rivals on Personal Data. Retrieved April 11, 2018, from https://www.reuters.com/article/us-facebook-cambridge-analytica-apology/americans-less-likely-to-trust-facebook-than-rivals-on-personal-data-idUSKBN1H10AF

15. Kiernan, L. (2017). 'Frondeurs' and Fake News: How Misinformation Ruled in 17th-century France. Retrieved April 11, 2018, from https://www.independent.co.uk/news/long_reads/frondeurs-and-fake-news-how-misinformation-ruled-in-17th-century-france-a7872276.html

16. Braun, S. (2017). National Archives to White House: Save All Trump Tweets. Retrieved February 6, 2018, from http://www.chicagotribune.com/news/nationworld/politics/ct-trump-tweets-national-archive-20170404-story.html

第一章 健康的心态

1. The Times. (2017). A goat yoga class has started in Amsterdam. Retrieved May 5,

2018, from https://www.thetimes.co.uk/travel/article/goat-yoga-amersterdam/
2. Poulter, S. (2017). Now Baby Food and Biscuits are Linked to Cancer: Food Watchdog Issues Alerts For 25 Big Brands After Claiming That Crunchy Roast Potatoes and Toast Could Cause the Disease. Retrieved April 16, 2018, from http://www.dailymail.co.uk/news/article-4149890/Now-baby-food-biscuits-linked-cancer.html
3. Inman, P. (2016). Happiness Depends on Health and Friends, Not Money, Says New Study. Retrieved April 11, 2018, from https://www.theguardian.com/society/2016/dec/12/happiness-depends-on-health-and-friends-not-money-says-new-study
4. Centre for Health Protection, Department of Health, The Government of the Hong Kong Special Administrative Region. (2010). Body Mass Index (BMI) Distribution. Retrieved February 2, 2018, from https://www.chp.gov.hk/en/statistics/data/10/280/427.html
5. NHS. (2017). Being Overweight, Not Just Obese, Still Carries Serious Health Risks. Retrieved February 1, 2018, from http://www.nhs.uk/news/2017/06June/Pages/Being-overweight-not-just-obese-still-carries-serious-health-risks.aspx
6. Schwartz, N., Bless, H., Fritz, S., Klumpp, G., Rittenauer-Schatka, H., & Simons, A. (1991). Ease of Retrieval as Information: Another Look at the Availability Heuristic. *Journal of Personality and Social Psychology*,61(2), 195–202. https://dornsife.usc.edu/assets/sites/780/docs/91_jpsp_schwarz_et_al_ease.pdf
7. Christakis, N. A., & Fowler, J. H. (2013). Social Contagion Theory: Examining Dynamic Social Networks and Human Behavior. *Statistics in Medicine*, 32(4), 556–577. https://doi.org/10.1002/sim.5408
8. Bailey, P., Emes, C., Duffy, B., & Shrimpton, H. (2017). Sugar What Next?London. Retrieved April 11, 2018, from https://www.ipsos.com/ipsos-mori/en-uk/sugar-what-next
9. Ipsos MORI. (2015). Major Survey Shows Britons Overestimate the Bad Behaviour of Other People. Retrieved April 11, 2018, from https://www.ipsos.com/ipsos-mori/en-uk/major-survey-shows-britons-overestimate-bad-behaviour-other-people
10. Health and Social Care Information Centre, Lifestyle Statistics. (2009). Health Survey for England – 2008: Physical Activity and Fitness. Retrieved February 1,

2018, from http://digital.nhs.uk/catalogue/PUB00430
11. Public Health England. (2016). National Diet and Nutrition Survey. Retrieved February 2, 2018, from https://www.gov.uk/government/collections/national-diet-and-nutrition-survey
12. Harper, H., & Hallsworth, M. (2016). Counting Calories: How Under-reporting Can Explain the Apparent Fall in Calorie Intake. London. Retrieved April 11, 2018, from http://38r8om2xjhhl25mw24492dir.wpengine.netdna-cdn.com/wp-content/uploads/2016/08/16-07-12-Counting-Calories-Final.pdf
13. Cialdini, R. B., Reno, R. R., & Kallgren, C. A. (1990). A Focus Theory of Normative Conduct: Recycling the Concept of Norms to Reduce Littering in Public Places. *Journal of Personality and Social Psychology*.58(6), 1015–1026. http://www-personal.umich.edu/~prestos/Downloads/DC/pdfs/Krupka_Oct13_Cialdinietal1990.pdf
14. Asch, S. E. (1952). Effects of Group Pressure upon the Modification and Distortion of Judgements. *Swathmore College*, 222–236. Retrieved April 11, 2018, from https://www.gwern.net/docs/psychology/1952-asch.pdf
15. Just,D.,& Wansink, B.(2009).Smarter Lunchrooms: Using Behavioral Economics to Improve Meal Selection. *Choices Magazine*,24(3). Retrieved April 11, 2018, from https://foodpsychology.cornell.edu/research/smarter-lunchrooms-using-behavioral-economics-improve-meal-selection
16. Offit, P. A. (2006). *The Cutter Incident: How America's First Polio Vaccine Led to the Growing Vaccine Crisis*. Yale University Press.
17. Reagan, R. (1985). Proclamation 5335—Dr. Jonas E. Salk Day, 1985. Retrieved April 11, 2018, from http://www.presidency.ucsb.edu/ws/index.php?pid=38596
18. Global Citizen. (2013). Could You Patent the Sun? Retrieved April 16, 2018, from https://www.youtube.com/watch?v=erHXKP386Nk
19. Taylor, L. E., Swerdfeger, A. L., & Eslick, G. D. (2014). Vaccines Are Not Associated With Autism: An Evidence-based Meta-analysis of Case-control and Cohort Studies. *Vaccine*, 32(29), 3623–3629. https://doi.org/10.1016/J.VACCINE.2014.04.085
20. The National Autistic Society. (2017). Our Position on Autism and Vaccines – There is no Connection. Retrieved February 2, 2018, from http://www.autism.org.uk/get-involved/media-centre/news/2017-02-15-trump-vaccines.aspx

21. Spiegelhalter, D. (2017). Risk and Uncertainty Communication. *Annual Review of Statistics and Its Application*, 4(1), 31–60. https://doi.org/10.1146/annurev-statistics-010814-020148
22. BBC *Horizon*. (2005). Does the MMR Jab Cause Autism? Retrieved April 16, 2018, from, http://www.bbc.co.uk/sn/tvradio/programmes/horizon/mmr_prog_summary.shtml
23. Sunstein, C. R., Lazzaro, S. C., & Sharot, T. (2016). How People Update Beliefs about Climate Change: Good News and Bad News. *SSRN Electronic Journal*. https://doi.org/10.2139/ssrn.2821919
24. McCarthy, J., & King, L. (2008). Jenny McCarthy's Autism Fight – Transcript of Interview with Larry King. Retrieved February 2, 2018, from http://archives.cnn.com/TRANSCRIPTS/0804/02/lkl.01.html
25. Gross, L. (2009). A Broken Trust: Lessons from the Vaccine–Autism Wars. *PLoS*, 7(5). https://doi.org/10.1371/journal.pbio.1000114
26. The National Autistic Society. (n.d.). Our Position – MMR Vaccine. Retrieved February 2, 2018, from http://www.autism.org.uk/get-involved/media-centre/position-statements/mmr-vaccine.aspx
27. Jones, S. (2011). *BBC Trust Review of Impartiality and Accuracy of the BBC's Coverage of Science*. Retrieved April 11, 2018, from http://downloads.bbc.co.uk/bbctrust/assets/files/pdf/our_work/science_impartiality/science_impartiality.pdf
28. Inglehart, R. (1990). *Culture Shift in Advanced Industrial Society*. Princeton: Princeton University Press; Inglehart, R. F., Diener, E., & Tay, L. (2013). Theory and Validity of Life Satisfaction Scales. *Social Indicators Research*, 112(3), 497–537; Kahneman, D., & Krueger, A. B. (2006). Developments in the Measurement of Subjective Well-being. *Journal of Economic Perspectives*, 20, 3–24; Layard, R., Clark, A. E., Cornaglia, F., Powdthavee, N., & Vernoit, J. (2014). What Predicts a Successful Life? A Life-course Model of Well-being. *The Economic Journal*, 124(580), 720–738. https://doi.org/10.1111/ecoj.12170
29. Brickman, P., Coates, D., & Janoff-Bulman, R. (1978). Lottery Winners and Accident Victims: Is Happiness Relative? *Journal of Personality and Social Psychology*, 36(8), 917–927. http://dx.doi.org/10.1037/0022-3514.36.8.917
30. Kahneman, D. (2010). Daniel Kahneman: The Riddle of Experience Vs. Memory. Retrieved February 2, 2018, from https://www.ted.com/talks/daniel_kahneman_

the_riddle_of_experience_vs_memory

31. CBS News. (2013). Everyone Thinks They Are Above Average. Retrieved April 11, 2018, from https://www.cbsnews.com/news/everyone-thinks-they-are-above-average/
32. Ipsos MORI. (2013). Margins of Error: Public Understanding of Statistics in an Era of Big Data. Retrieved April 11, 2018, from https://www.slideshare.net/IpsosMORI/margins-of-error-public-understanding-of-statistics-in-an-era-of-big-data
33. Marsden, P. D., & Wright, J. D. (2010). *Handbook of Survey Research*. Bingley: Emerald Group Publishing.
34. The British Election Study Team. (2016). BES Vote Validation Variable added to Face to Face Post-Election Survey. Retrieved April 11, 2018, from http://www.britishelectionstudy.com/bes-resources/bes-vote-validation-variable-added-to-face-to-face-post-election-survey/#.Ws4M0C7waUl

第二章 对性的错误想象

1. Binkowski, B. (n.d.). Dangle Debate. Retrieved April 11, 2018, from https://www.snopes.com/fact-check/hand-size-trump-debate/
2. Mustanski, B. (2011). How Often Do Men and Women Think about Sex? Retrieved February 1, 2018, from https://www.psychologytoday.com/blog/the-sexual-continuum/201112/how-often-do-men-and-women-think-about-sex
3. Poundstone, W. (2016). *Head in the Cloud: The Power of Knowledge in the Age of Google*. London: Oneworld Publications.
4. Spiegelhalter, D. (2015). *Sex by Numbers: What Statistics Can Tell Us About Sexual Behaviour*. Wellcome collection.
5. Ibid.
6. Gottschall, J. (2013). *The Storytelling Animal*. New York: Houghton Mifflin Harcourt Publishing Company.
7. McCombs, M. E., & Shaw, D. L. (n.d.). The Agenda-Setting Function of Mass Media. *The Public Opinion Quarterly*. Oxford University Press American Association for Public Opinion Research. https://doi.org/10.2307/2747787
8. Gavin, N. T. (1997). Voting Behaviour, the Economy and the Mass Media: Dependency, Consonance and Priming as a Route to Theoretical and Empirical

Integration.*British Elections & Parties Review*, 7(1), 127–144. https://doi.org/10.1080/13689889708412993
9. Glynn, A. (2010). Pit Bulls' Bad Rap: How Much is the Media to Blame? Retrieved April 11, 2018, from https://blog.sfgate.com/pets/2010/09/09/pit-bulls-bad-rap-how-much-is-the-media-to-blame/
10. Delise, K. (2007). *The Pit Bull Placebo: The Media, Myths and Politics of Canine Aggression*. Sofia: Anubis Publishing.
11. U.S. Department of Health and Human Services. (2016). Trends in Teen Pregnancy and Childbearing. Retrieved April 11, 2018, from https://www.hhs.gov/ash/oah/adolescent-development/reproductive-health-and-teen-pregnancy/teen-pregnancy-and-childbearing/trends/index.html
12. Heath, C., & Heath, D. (2007). *Made to Stick: Why Some Ideas Take Hold and Others Come Unstuck*. Random House.
13. Bacon, F. (1620). Novum Organum. Retrieved February 2, 2018, from http://www.constitution.org/bacon/nov_org.htm
14. Festinger, L. (1962). *A Theory of Cognitive Dissonance*. Stanford University Press.
15. Killian, L. M., Festinger, L., Riecken, H. W., & Schachter, S. (1957). When Prophecy Fails. *American Sociological Review*, 22(2), 236–237. https://doi.org/10.2307/2088869
16. Ibid.
17. Taber, C. S., & Lodge, M. (2006). Motivated Skepticism in Beliefs, the Evaluation of Political. *American Journal of Political Science*, 50(3), 755–769.
18. Dobelli, R. (2014). *The Art of Thinking Clearly: Better Thinking, Better Decisions*. New York: HarperCollins Publishers.
19. This Girl Can. Retrieved February 2, 2018, from http://www.thisgirlcan.co.uk/
20. Coupe, B. (1966). The Roth Test and Its Corollaries.*William & Mary Law Review*, 8(1), 121–132. http://scholarship.law.wm.edu/cgi/viewcontent.cgi?article=3035&context=wmlr
21. Strum, C. (1991). Brew Battle On Campus – Ban the Can Or the Keg? NYTimes.com. Retrieved February 1, 2018, from http://www.nytimes.com/1991/10/08/nyregion/brew-battle-on-campus-ban-the-can-or-the-keg.html

第三章 关于金钱

1. Duffy, B., Hall, S., & Shrimpton, H. (2015). On the Money? Misperceptions and Personal Finance. London. Retrieved April 11, 2018, from https://www.ipsos.com/ipsos-mori/en-uk/money-misperceptions-and-personal-finance
2. Duffy, B. (2013c). Public Understanding of Statistics Topline Results. London. Retrieved April 11, 2018, from https://www.ipsos.com/sites/default/files/migrations/en-uk/files/Assets/Docs/Polls/rss-kings-ipsos-mori-trust-in-statistics-topline.pdf
3. Thaler, R. H., & Sunstein, C. R. (2009). Nudge. *Nudge – Business Summaries*, 1–5. Retrieved April 11, 2018, from http://content.ebscohost.com/ContentServer.asp?T=P&P=AN&K=60448472&S=R&D=qbh&EbscoContent=dGJyMNLr40SeprA4zdnyOLCmr0qep7FSsaa4SLeWxWXS&ContentCustomer=dGJyMOzpr1Cvpq5KuePfgeyx44Dt6fIA%5Cnhttp://search.ebscohost.com/login.aspx?direct=true&db=qbh&AN=6044847
4. Liverpool Victoria. (2016). Raising a Child More Expensive Than Buying a House. Retrieved February 1, 2018, from https://www.lv.com/about-us/press/article/cost-of-a-child-2016
5. Duffy, B., Hall, S., & Shrimpton, H. (2015). On the Money? Misperceptions and Personal Finance. London. Retrieved April 11, 2018, from https://www.ipsos.com/ipsos-mori/en-uk/money-misperceptions-and-personal-finance
6. Bullock, J. G., Gerber, A. S., Hill, S. J., & Huber, G. A. (2015). Partisan Bias in Factual Beliefs about Politics. *Quarterly Journal of Political Science*, 10, 519–578; Prior, M., Sood, G., & Khanna, K. (2015). You Cannot be Serious: The Impact of Accuracy Incentives on Partisan Bias in Reports of Economic Perceptions. *Quarterly Journal of Political Science*, 10(4), 489–518.
7. Vanham, P. (2017). Global Pension Timebomb: Funding Gap Set to Dwarf World GDP. Retrieved April 11, 2018, from https://www.weforum.org/press/2017/05/global-pension-timebomb-funding-gap-set-to-dwarf-world-gdp
8. Jolls, C., Sunstein, C. R., & Thaler, R. (1998). A Behavioral Approach to Law and Economics. *Faculty Scholarship Series, Paper 1765*, 1471–1498 (part I).
9. Ipsos MORI. (2015). Major Survey Shows Britons Overestimate the Bad Behaviour of Other People. Retrieved April 11, 2018, from https://www.ipsos.com/ipsos-mori/en-uk/major-survey-shows-britons-overestimate-bad-behaviour-

other-people
10. Credit Suisse Research Institute. (2016). Global Wealth Report 2016. Retrieved April 11, 2018, from https://www.credit-suisse.com/corporate/en/research/research-institute/global-wealth-report
11. Kurt, D. (2018). Are You in the Top One Percent of the World? Retrieved April 11, 2018, from https://www.investopedia.com/articles/personal-finance/050615/are-you-top-one-percent-world.asp
12. Credit Suisse Research Institute. (2017). Global Wealth Report 2017. Retrieved April 11, 2018, from http://publications.credit-suisse.com/tasks/render/file/index.cfm?fileid=12DFFD63-07D1-EC63-A3D5F67356880EF3
13. Ponting, G. (2017). How Rich Are You? Retrieved April 16, 2018, from https://www.clearwaterwealth.co.uk/blog/2017/11/7/how-rich-are-you
14. Credit Suisse Research Institute. (2017). Global Wealth Report 2017. Retrieved April 11, 2018, from http://publications.credit-suisse.com/tasks/render/file/index.cfm?fileid=12DFFD63-07D1-EC63-A3D5F67356880EF3
15. Gimpelson, V., & Treisman, D. (2017). Misperceiving Inequality. *Economics and Politics*, 30(1), 27–54. https://doi.org/10.1111/ecpo.12103
16. Ariely, D., Loewenstein, G., & Prelec, D. (2003). "Coherent Arbitrariness": Stable Demand Curves Without Stable Preferences. *The Quarterly Journal of Economics*, 118(1), 73–106. https://doi.org/10.1162/00335530360535153
17. Citizens Advice. (2015). *Financial Capability: A Review of the Latest Evidence*. Retrieved April 11, 2018, from https://www.citizensadvice.org.uk/Global/Public/Impact/Financial%20Capability%20Literature%20Review.pdf

第四章 从内至外：移民与宗教

1. Citrin, J., & Sides, J. (2008). Immigration and the Imagined Community in Europe and the United States. *Political Studies*, 56(1), 33–56. https://doi.org/10.1111/j.1467-9248.2007.00716.x; Wong, C. J. (2007). "Little" and "Big" Pictures in our Heads Race, Local Context, and Innumeracy About Racial Groups in the United States. *Public Opinion Quarterly*, 71(3), 393–412. https://doi.org/10.1093/poq/nfm023
2. Hainmueller, J., & Hopkins, D. J. (2014). Public Attitudes Toward Immigration. *Annual Review of Political Science*, 17(1), 225–249. https://doi.org/10.1146/

annurev-polisci-102512-194818
3. Blinder, S. (2015). Imagined Immigration: The Impact of Different Meanings of 'Immigrants' in Public Opinion and Policy Debates in Britain. *Political Studies*, 63(1), 80–100. https://doi.org/10.1111/1467-9248.12053
4. Migration Watch UK. (n.d.). An Independent and Non-political Think Tank Concerned About the Scale of Immigration into the UK. Retrieved February 2, 2018, from https://www.migrationwatchuk.org/
5. Citrin, J., & Sides, J. (2008). Immigration and the Imagined Community in Europe and the United States. *Political Studies*, 56(1), 33–56. https://doi.org/10.1111/j.1467-9248.2007.00716.x; Hainmueller, J., & Hopkins, D. J. (2014). Public Attitudes Toward Immigration. *Annual Review of Political Science*, 17(1), 225–249. https://doi.org/10.1146/annurev-polisci-102512-194818
6. Grigorieff, A., Roth, C., & Ubfal, D. (2016). Does Information Change Attitudes Towards Immigrants? Evidence from Survey Experiments. Retrieved April 11, 2018, from http://www.lse.ac.uk/iga/assets/documents/events/2016/does-information-change-attitudes-towards-immigrants.pdf
7. Campbell A., Converse P. E., Miller W. E., & Stokes, D. E. (1960). *The American Voter*. New York: John Wiley and Sons. https://doi.org/10.2307/1952653
8. Nyhan, B., & Reifler, J. (2010). When Corrections Fail: The Persistence of Political Misperceptions. *Political Behavior*, 32(2), 303–330. https://doi.org/10.1007/s11109-010-9112-2
9. Ibid; Wood, T., & Porter, E. (2016). The Elusive Backfire Effect: Mass Attitudes' Steadfast Factual Adherence. *SSRN Electronic Journal*. https://doi.org/10.2139/ssrn.2819073
10. Ibid.
11. Duffy, B., & Frere-Smith, T. (2014). Perceptions and Reality: Public Attitudes to Immigration. London. Retrieved April 11, 2018, from https://www.ipsos.com/ipsos-mori/en-uk/perceptions-and-reality-public-attitudes-immigration
12. Ipsos MORI. (2018). Attitudes to Immigration: National Issue or Global Challenge? Retrieved April 11, 2018, from https://www.slideshare.net/IpsosMORI/attitudes-to-immigration-national-issue-or-global-challenge
13. Bell, B. (2013). Immigration and Crime: Evidence for the UK and Other Countries. Retrieved April 11, 2018, from http://www.migrationobservatory.ox.ac.

uk/resources/briefings/immigration-and-crime-evidence-for-the-uk-and-other-countries/
14. Ibid.
15. Doyle, J., & Wright, S. (2012). 'Immigrant Crimewave' Warning: Foreign Nationals Were Accused of a QUARTER of All Crimes in London. Retrieved February 2, 2018, from http://www.dailymail.co.uk/news/article-2102895/Immigrant-crimewave-warning-Foreign-nationals-accused-QUARTER-crimes-London.html
16. Ito, T. A., Larsen, J. T., Smith, N. K., & Cacioppo, J. T. (1998). Negative Information Weighs More Heavily on the Brain: The Negativity Bias in Evaluative Categorizations. *Journal of Personality and Social Psychology*, 75(4), 887–900. https://doi.org/10.1037/0022-3514.75.4.887; Ito, T. A., & Cacioppo, J. T. (2005). Variations on a Human Universal: Individual Differences in Positivity Offset and Negativity Bias. *Cognition and Emotion*, 19(1), 1–26. https://doi.org/10.1080/02699930441000120
17. Cao, Z., Zhao, Y., Tan, T., Chen, G., Ning, X., Zhan, L., & Yang, J. (2014). Distinct Brain Activity in Processing Negative Pictures of Animals and Objects – The Role of Human Contexts. *Neuroimage*, 84http://doi.org/10.1016/j.neuroimage.2013.09.064
18. Benson, K., & Gottman, J. (2017). The Magic Relationship Ratio, According to Science. Retrieved February 2, 2018, from https://www.gottman.com/blog/the-magic-relationship-ratio-according-science/
19. Duffy, B. (2013c). Public Understanding of Statistics Topline Results. London. Retrieved April 11, 2018, from https://www.ipsos.com/sites/default/files/migrations/en-uk/files/Assets/Docs/Polls/rss-kings-ipsos-mori-trust-in-statistics-topline.pdf
20. Fechner, G. T. (1860). *Elemente der Psychophysik*. Breitkopf & Härtel.
21. Ibid.
22. Huxley, A. (1927). *Proper Studies*. Doubleday, Doran & Company.

第五章 安全可靠

1. *The Guardian*. (1950). From the Archive, 18 March 1950: The Flogging Debate. Retrieved February 1, 2018, from https://www.theguardian.com/theguardian/2011/mar/18/archive-flogging-debate-1950

2. Ibid.
3. Ibid.
4. Hanlon, G. (2014). Violence and Punishment: Civilizing the Body Through Time By Pieter Spierenburg (Review). *Journal of Interdisciplinary History*, 44(3), 379–381. https://muse.jhu.edu/article/526377/summary
5. Pew Research Center. (2013). Gun Homicide Rate Down 49% Since 1993 Peak; Public Unaware. Retrieved April 11, 2018, from http://assets.pewresearch.org/wp-content/uploads/sites/3/2013/05/firearms_final_05-2013.pdf
6. Beckwé, M., Deroost, N., Koster, E. H. W., De Lissnyder, E., & De Raedt, R. (2014). Worrying and Rumination Are Both Associated With Reduced Cognitive Control. *Psychological Research*, 78(5), 651–660. https://doi.org/10.1007/s00426-013-0517-5
7. Mitchell, T. R., Thompson, L., Peterson, E., & Cronk, R. (1997). Temporal Adjustments in the Evaluation of Events: The "Rosy View." *Journal of Experimental Social Psychology*, 33(4), 421–448. https://doi.org/10.1006/JESP.1997.1333
8. Hallinan, J. T. (2010) *Errornomics: Why We Make Mistakes and What We Can Do To Avoid Them*.Random House.
9. Full list of Perils of Perception studies on page 255
10. Harcup, T., & O'Neill, D. (2001). What Is News? Galtung and Ruge Revisited. *Journalism Studies*, 2(2), 261–280. https://doi.org/10.1080/14616700118449
11. Ibid.
12. Dunbar, R. (1998). *Grooming, Gossip, and the Evolution of Language*. Cambridge: Harvard University Press.
13. Trump, D. J. (2017a). Just Out Report: "United Kingdom Crime Rises 13% Annually Amid Spread of Radical Islamic Terror." Not Good, We Must Keep America Safe! Retrieved April 11, 2018, from https://twitter.com/realdonaldtrump/status/921323063945453574?lang=en
14. Nelson, F. (2017). "Amid" is a Word Beloved by Fake News Websites, to Conflate Correlation and Causation. UK crime is Also Up "Amid" Spread of Fidget Spinners. Retrieved April 11, 2018, from https://twitter.com/frasernelson/status/921335089333723136?lang=en-gb
15. Trump, D. J. (2017b). Remarks by President Trump in Roundtable with County Sheriffs. Retrieved February 6, 2018, from https://www.whitehouse.gov/briefings-

statements/remarks-president-trump-roundtable-county-sheriffs/
16. No author. (n.d.) Illusory Truth Effect. Retrieved April 11, 2018, from https://en.wikipedia.org/wiki/Illusory_truth_effect
17. Vedantam, S. (2015). How Emotional Responses to Terrorism Shape Attitudes Toward Policies. Retrieved April 11, 2018, from https://www.npr.org/2015/12/22/460656763/how-emotional-responses-to-terrorism-shape-attitudes-toward-policies
18. ul Hassan, Z. (2015). A Data Scientist Explains Odds of Dying in a Terrorist Attack. Retrieved February 1, 2018, from https://www.techjuice.pk/a-data-scientist-explains-odds-of-dying-in-a-terrorist-attack/
19. Pinker, S. (2018). The Disconnect Between Pessimism and Optimism – On Why We Refuse to See the Bright Side, Even Though We Should. Retrieved February 1, 2018, from http://time.com/5087384/harvard-professor-steven-pinker-on-why-we-refuse-to-see-the-bright-side/
20. The White House. (2016). Remarks by President Obama at Stavros Niarchos Foundation Cultural Center in Athens, Greece. Retrieved April 16, 2018, from https://obamawhitehouse.archives.gov/the-press-office/2016/11/16/remarks-president-obama-stavros-niarchos-foundation-cultural-center

第六章　政治误导与脱离

1. BBC News, & Paxman, J. (2013). Boris Johnson's NewsnightInterview. Retrieved February 6, 2018, from http://www.bbc.co.uk/news/av/uk-politics-24343570/boris-johnson-s-newsnight-interview-in-full
2. Duffy, B., Hall, S., & Shrimpton, H. (2015). On the Money? Misperceptions and Personal Finance. London. Retrieved April 11, 2018, from https://www.ipsos.com/ipsos-mori/en-uk/money-misperceptions-and-personal-finance
3. Franklin, M. N. (2004). Voter Turnout and the Dynamics of Electoral Competition in Established Democracies Since 1945. Retrieved April 11, 2018, from https://doi.org/10.1017/CBO9780511616884
4. Ibid.
5. Downs, A. (1957). An Economic Theory of Political Action in a Democracy. *The Journal of Political Economy*, 65(2), 135–150. https://doi.org/10.1017/CBO9781107415324.004

6. Delli Carpini, M. X., & Keeter, S. (1991). Stability and Change in the U.S. Public's Knowledge of Politics. *Public Opinion Quarterly*, 55(4), 583–612. https://doi.org/10.1086/269283
7. Somin, I. (2016). *Democracy and Political Ignorance: Why Smaller Government Is Smarter*. Stanford: Stanford University Press.
8. World Economic Forum. (2017). The Global Gender Gap Report 2017. Retrieved April 11, 2018, from http://www3.weforum.org/docs/WEF_GGGR_2017.pdf
9. Kaur-Ballagan, K., & Stannard, J. (2018). International Women's Day: Global Misperceptions of Equality and the Need to Press for Progress. London. Retrieved April 11, 2018, from https://www.ipsos.com/ipsos-mori/en-uk/international-womens-day-global-misperceptions-equality-and-need-press-progress
10. SKL Jämställdhet. (2014). Sustainable Gender Equality – A Film About Gender Mainstreaming In Practice. Retrieved April 11, 2018, from https://www.youtube.com/watch?v=udSjBbGwJEg
11. International IDEA. (n.d.). Gender Quotas Data – Mexico. Retrieved February 6, 2018, from https://www.idea.int/data-tools/data/gender-quotas/country-view/220/35; International IDEA. (n.d.). Gender Quotas Database – Voluntary Political Party Quotas. Retrieved February 6, 2018, from https://www.idea.int/data-tools/data/gender-quotas/voluntary-overview
12. Kessler, G. (2016). Donald Trump Still Does Not Understand the Unemployment Rate. Retrieved April 16, 2018, from https://www.washingtonpost.com/news/fact-checker/wp/2016/12/12/donald-trump-still-does-not-understand-the-unemployment-rate/?utm_term=.ec1d66e9a8d7
13. Horsley, S. (2017). Donald Trump Says "Real" Unemployment Higher Than Government Figures Show. Retrieved February 6, 2018, from https://www.npr.org/2017/01/29/511493685/ahead-of-trumps-first-jobs-report-a-look-at-his-remarks-on-the-numbers; Kessler, G. (n.d.). Fact Checker. Retrieved February 6, 2018, from https://www.washingtonpost.com/news/fact-checker/?utm_term=.a54148f4ef99
14. Trump, D. J. (2016). President Elect Donald Trump Holds Rally Des Moines Iowa, Dec 8 2016. Retrieved February 6, 2018, from https://www.c-span.org/video/?419792-1/president-elect-donald-trump-holds-rally-des-moines-iowa
15. ABC News. (2017). Transcript: ABC News Anchor David Muir Interviews

President Trump. Retrieved April 11, 2018, from http://abcnews.go.com/Politics/transcript-abc-news-anchor-david-muir-interviews-president/story?id=45047602
16. d'Ancona, M. (2017). *Post-Truth: The New War on Truth and How to Fight Back*. Ebury Press.
17. Guo, J. & Cramer, K. (2016). A New Theory for Why Trump Voters are So Angry. Retrieved February 6, 2018, from https://www.washingtonpost.com/news/wonk/wp/2016/11/08/a-new-theory-for-why-trump-voters-are-so-angry-that-actually-makes-sense/?utm_term=.4cf2a7a177ea
18. Lenz, G. S. (2012). *Follow the Leader?: How Voters Respond to Politicians' Policies And Performance*. The University of Chicago Press Books.
19. Duffy, B. (2013b). In An Age of Big Data and Focus on Economic Issues, Trust in the Use of Statistics Remains Low. London. Retrieved April 11, 2018, from https://www.ipsos.com/ipsos-mori/en-uk/age-big-data-and-focus-economic-issues-trust-use-statistics-remains-low

第七章 英国脱欧和特朗普：一厢情愿和错误认知

1. d'Ancona, M. (2017). *Post-Truth: The New War on Truth and How to Fight Back*. Ebury Press.
2. Duffy, B., & Shrimpton, H. (2016). The Perils of Perception and the EU. London. Retrieved April 11, 2018, from https://www.ipsos.com/ipsos-mori/en-uk/perils-perception-and-eu
3. Evans-Pritchard, A. (2016). AEP: "Irritation and Anger" May Lead to Brexit, Says Influential Psychologist. Retrieved February 6, 2018, from http://www.telegraph.co.uk/business/2016/06/05/british-voters-succumbing-to-impulse-irritation-and-anger
4. Kahan, D. M., Peters, E., Dawson, E. C., & Slovic, P. (2017). Motivated Numeracy and Enlightened Self-government. *Behavioural Public Policy*, 1(1), 54–86. https://doi.org/10.1017/bpp.2016.2
5. Kahan, D. M. (2012). Ideology, Motivated Reasoning, and Cognitive Reflection: An Experimental Study. *SSRN Electronic Journal*, 8(4), 407–424. https://doi.org/10.2139/ssrn.2182588
6. Wring, D. (2016). Going Bananas Over Brussels: Fleet Street's European Journey. Retrieved April 16, 2018, from https://theconversation.com/going-bananas-over-

brussels-fleet-streets-european-journey-61327
7. Simons, N. (2016). Boris Johnson Claims EU Stops Bananas Being Sold in Bunches of More Than Three. That Is Not True. Retrieved February 6, 2018, from http://www.huffingtonpost.co.uk/entry/boris-johnson-claims-eu-stops-bananas-being-sold-in-bunches-of-more-than-three-that-is-not-true_uk_573b2445e4b0f0f53e36c968
8. The European Commission. (2011). Commission Implementing Regulation (EU) No 1333/2011 of 19 December 2011 Laying Down Marketing Standards for Bananas, Rules on the Verification of Compliance With Those Marketing Standards and Requirements For Notifications in the Banana Sector. *Official Journal of the European Union.* Retrieved April 11, 2018, from http://eur-lex.europa.eu/LexUriServ/LexUriServ.do?uri=OJ:L:2011:336:0023:0034:EN:PDF
9. Duffy, B., & Shrimpton, H. (2016). The Perils of Perception and the EU. London. Retrieved April 11, 2018 from https://www.ipsos.com/ipsos-mori/en-uk/perils-perception-and-eu
10. Murphy, M. (2017). Question Time Audience Member Says She Voted for Brexit at Last Minute Because "A Banana is Straight." Retrieved February 6, 2018, from http://www.independent.co.uk/news/uk/home-news/question-time-woman-banana-is-straight-audience-member-brexit-vote-last-minute-eu-referendum-a7560781.html
11. Ibid.
12. Norgrove, D. (2017). Letter from Sir David Norgrove to Foreign Secretary. Retrieved April 11, 2018, from https://www.statisticsauthority.gov.uk/wp-content/uploads/2017/09/Letter-from-Sir-David-Norgrove-to-Foreign-Secretary.pdf; (For further detail on official statistics relating to the UK's financial contributions to the EU, see: Dilnot, A. (2016). UK Contributions to the European Union, UK Statistics Authority. Retrieved April 11, 2018, from https://www.statisticsauthority.gov.uk/wp-content/uploads/2016/04/Letter-from-Sir-Andrew-Dilnot-to-Norman-Lamb-MP-210416.pdf.)
13. Dilnot, A. (2016). UK Contributions to the European Union, UK Statistics Authority. Retrieved April 11, 2018, from https://www.statisticsauthority.gov.uk/wp-content/uploads/2016/04/Letter-from-Sir-Andrew-Dilnot-to-Norman-Lamb-MP-210416.pdf

14. BBC News. (2018). £350m Brexit Claim Was "Too Low", Says Boris Johnson. Retrieved February 6, 2018, from http://www.bbc.co.uk/news/uk-42698981
15. Farage, N. (2017). Farage: Why I Didn't Refute "£350m for NHS" Figure Until After Brexit. Retrieved February 6, 2018, from http://www.lbc.co.uk/radio/presenters/nigel-farage/farage-didnt-refute-350m-nhs-figure-after-brexit/
16. Stone, J. (2016). Nearly Half of Britons Believe Vote Leave's False "£350 Million a Week to the EU" Claim. Retrieved April 16, 2018, from https://www.independent.co.uk/news/uk/politics/nearly-half-of-britons-believe-vote-leaves-false-350-million-a-week-to-the-eu-claim-a7085016.html
17. Fisher, S., & Renwick, A. (2016). Do People Tend to Vote Against Change in Referendums? Retrieved February 6, 2018, from https://constitution-unit.com/2016/06/22/do-people-tend-to-vote-against-change-in-referendums/
18. Bell, E. (2016). The Truth About Brexit Didn't Stand a Chance in the Online Bubble. Retrieved February 6, 2018, from https://www.theguardian.com/media/2016/jul/03/facebook-bubble-brexit-filter
19. Menon, A. (2016). Facts Matter More in This Referendum Than in Any Other Popular Vote, But They Are Scarce. Retrieved April 11, 2018, from http://ukandeu.ac.uk/facts-matter-more-in-this-referendum-than-in-any-other-popular-vote-but-they-are-scarce/
20. Salmon, N. (2017). Donald Trump Takes Credit for Inventing the Word "Fake". Retrieved April 16, 2018, from https://www.independent.co.uk/news/world/americas/donald-trump-takes-credit-for-inventing-the-word-fake-a7989221.html
21. Silverman, C., & Singer-Vine, J. (2016). Most Americans Who See Fake News Believe It, New Survey Says. Retrieved February 6, 2018, from https://www.buzzfeed.com/craigsilverman/fake-news-survey?utm_term=.dqxK8oRXO#.teYG32pl1
22. Ibid.
23. Flynn, D. J., Nyhan, B., & Reifler, J. (2017). The Nature and Origins of Misperceptions: Understanding False and Unsupported Beliefs About Politics. *Political Psychology*, 38(682758), 127–150. https://doi.org/10.1111/pops.12394
24. Paulhus, D. L., Harms, P. D., Bruce, M. N., & Lysy, D. C. (2003). The Overclaiming Technique: Measuring Self-enhancement Independent of Ability. Retrieved April 11, 2018, from http://digitalcommons.unl.edu/leadershipfacpub

25. Stone, J. (2015). The MP Tricked Into Condemning a Fake Drug Called 'Cake' Is to Chair a Committee Debating New Drugs Law. Retrieved April 16, 2018, from https://www.independent.co.uk/news/uk/politics/the-mp-tricked-into-condemning-a-fake-drug-called-cake-has-been-put-in-charge-of-scrutinising-drugs-a6704671.html
26. Robin, N. (2006). Interview with Stephen Colbert. Retrieved February 6, 2018, from https://tv.avclub.com/stephen-colbert-1798208958
27. Suskind, R. (2004). Faith, Certainty and the Presidency of George W. Bush. Retrieved April 11, 2018, from https://www.nytimes.com/2004/10/17/magazine/faith-certainty-and-the-presidency-of-george-w-bush.html
28. Andersen, K. (2017). How America Lost Its Mind. Retrieved February 6, 2018, from https://www.theatlantic.com/magazine/archive/2017/09/how-america-lost-its-mind/534231/
29. Surowiecki, J. (2005). The Wisdom of Crowds. *American Journal of Physics*, 75(908), 336. https://doi.org/10.1038/climate.2009.73
30. The Onion Politics. (2017). Fearful Americans Stockpiling Facts Before Federal Government Comes To Take Them Away. Retrieved February 6, 2018, from https://politics.theonion.com/fearful-americans-stockpiling-facts-before-federal-gove-1819579589

第八章　过滤我们的世界

1. Manyinka, J., & Varian, H. (2009). Hal Varian on How the Web Challenges Managers. Retrieved February 6, 2018, from https://www.mckinsey.com/industries/high-tech/our-insights/hal-varian-on-how-the-web-challenges-managers
2. Ipsos MORI. (2013). Margins of Error: Public Understanding of Statistics in an Era of Big Data. Retrieved April 11, 2018, from https://www.slideshare.net/IpsosMORI/margins-of-error-public-understanding-of-statistics-in-an-era-of-big-data
3. Manyinka, J., & Varian, H. (2009). Hal Varian on How the Web Challenges Managers. Retrieved February 6, 2018, from https://www.mckinsey.com/industries/high-tech/our-insights/hal-varian-on-how-the-web-challenges-managers
4. Williams, J. (2017). Are digital technologies making politics impossible? Retrieved February 16, 2018, https://ninedotsprize.org/winners/james-williams/

5. Pariser, E. (2011). The Filter Bubble: What the Internet Is Hiding from You. *ZNet*, 304. https://doi.org/10.1353/pla.2011.0036
6. Rashid, F. Y. (2014). Surveillance is the Business Model of the Internet: Bruce Schneier. Retrieved April 11, 2018, from https://www.securityweek.com/surveillance-business-model-internet-bruce-schneier
7. Heffernan, M. (2017). Speaking at Ipsos MORI EOY Event 2017. London.
8. Muir, N. (2018). If These Algorithms Know Me So Well, How Come They Aren't Advertising Poundstretcher and Wetherspoons? Retrieved February 6, 2018, from http://www.thedailymash.co.uk/news/science-technology/if-these-algorithms-know-me-so-well-how-come-they-arent-advertising-poundstretcher-and-wetherspoons-20180111142199
9. Habermas, J. (2006). Political Communication in Media Society: Does Democracy Still Enjoy an Epistemic Dimension? The Impact of Normative Theory on Empirical Research. *Communication Theory*, 16(4), 411–426. https://doi.org/10.1111/j.1468-2885.2006.00280.x
10. Epstein, R., & Robertson, R. E. (2015). The Search Engine Manipulation Effect (SEME) and Its Possible Impact on the Outcomes of Elections. *Proceedings of the National Academy of Sciences of the United States of America*, 112(33), E4512–21. https://doi.org/10.1073/pnas.1419828112
11. Graham, D. A. (2018). Not Even Cambridge Analytica Believed Its Hype. Retrieved April 11, 2018, from https://www.theatlantic.com/politics/archive/2018/03/cambridge-analyticas-self-own/556016/
12. Wardle, C., & Derakhshan, H. (2017). Information Disorder: Toward an Interdisciplinary Framework for Research and Policy Making. Retrieved April 11, 2018, from https://rm.coe.int/information-disorder-toward-an-interdisciplinary-framework-for-research/168076277c
13. Silverman, C. (2016). This Analysis Shows How Viral Fake Election News Stories Outperformed Real News on Facebook. Retrieved February 6, 2018, from https://www.buzzfeed.com/craigsilverman/viral-fake-election-news-outperformed-real-news-on-facebook?utm_term=.nwQB7N9by#.pi8BYrng0
14. McGhee, A. (2017). Cyber Warfare Unit Set to be Launched by Australian Defence Forces. Retrieved April 11, 2018, from http://www.abc.net.au/news/2017-06-30/cyber-warfare-unit-to-be-launched-by-australian-defence-forces/8665230

15. Arendt, H. (1951). The Origins of Totalitarianism.
16. Wardle, C., & Derakhshan, H. (2017). Information Disorder: Toward an Interdisciplinary Framework for Research and Policy Making. Retrieved April 11, 2018, from https://rm.coe.int/information-disorder-toward-an-interdisciplinary-framework-for-research/168076277c
17. Stray, J. (n.d.). Defense Against the Dark Arts: Networked Propaganda and Counter-propaganda. https://doi.org/https://medium.com/tow-center/defense-against-the-dark-arts-networked-propaganda-and-counter-propaganda-deb7145aa76a
18. Obama, B. (2017). President Obama Farewell Address: Full Text [Video]. Retrieved February 6, 2018, from https://edition.cnn.com/2017/01/10/politics/president-obama-farewell-speech/index.html
19. Carey, J. W. (n.d.). A Cultural Approach to Communication. Retrieved April 11, 2018, from http://faculty.georgetown.edu/irvinem/theory/Carey-ACulturalAproachtoCommunication.pdf
20. Strusani, D. (2014). Value of Connectivity: Benefits of Expanding Internet Access. Retrieved April 11, 2018, from https://www2.deloitte.com/uk/en/pages/technology-media-and-telecommunications/articles/value-of-connectivity.html
21. Constine, J. (2017). Facebook Changes Mission Statement to "Bring the World Closer Together". Retrieved April 16, 2018, from https://techcrunch.com/2017/06/22/bring-the-world-closer-together/
22. Zephoria. (2018). The Top 20 Valuable Facebook Statistics – Updated April 2018. Retrieved April 11, 2018, from https://zephoria.com/top-15-valuable-facebook-statistics/
23. Foer, F. (2017). Facebook's War on Free Will. Retrieved April 16, 2018, from https://www.theguardian.com/technology/2017/sep/19/facebooks-war-on-free-will
24. Reuters Staff. (2018). Americans Less Likely to Trust Facebook than Rivals on Personal Data. Retrieved April 11, 2018, from https://www.reuters.com/article/us-facebook-cambridge-analytica-apology/americans-less-likely-to-trust-facebook-than-rivals-on-personal-data-idUSKBN1H10AF
25. Abbruzzese, J. (2017). Facebook and Google Dominate in Online News – But For Very Different Topics. Retrieved April 17, 2018, from https://mashable.com/2017/05/23/google-facebook-dominate-referrals-different-content/#BcTajPpdbiqk

26. Trafton, A. (2014). In the Blink of an Eye. Retrieved February 6, 2018, from http://news.mit.edu/2014/in-the-blink-of-an-eye-0116
27. Langston, J. (2017). Lip-syncing Obama: New Tools Turn Audio Clips Into Realistic Video. Retrieved February 6, 2018, from http://www.washington.edu/news/2017/07/11/lip-syncing-obama-new-tools-turn-audio-clips-into-realistic-video/
28. Lee, D. (2018). Deepfakes Porn Has Serious Consequences. Retrieved April 11, 2018, from http://www.bbc.co.uk/news/technology-42912529
29. Bode, L., & Vraga, E. K. (2015). In Related News, That Was Wrong: The Correction of Misinformation Through Related Stories Functionality in Social Media. *Journal of Communication*, 65(4), 619–638. https://doi.org/10.1111/jcom.12166
30. Wardle, C., & Derakhshan, H. (2017). Information Disorder: Toward an Interdisciplinary Framework for Research and Policy Making. Retrieved April 11, 2018, from https://rm.coe.int/information-disorder-toward-an-interdisciplinary-framework-for-research/168076277c
31. Sippit, A. (2017). Interview Conducted by Bobby Duffy with Amy Sippit at FullFact. London.
32. Paul, C., & Matthews, M. (2016). The Russian "Firehose of Falsehood" Propaganda Model: Why It Might Work and Options to Counter It. RAND Corporation. https://doi.org/10.7249/PE198
33. Soros, G. (2018). Remarks Delivered at the World Economic Forum. Retrieved February 6, 2018, from https://www.georgesoros.com/2018/01/25/remarks-delivered-at-the-world-economic-forum/
34. Naughton, J. (2018). The New Surveillance Capitalism. Retrieved February 6, 2018, from https://www.prospectmagazine.co.uk/science-and-technology/how-the-internet-controls-you
35. Ibid.
36. NPR Morning Edition. (2017). Italy Takes Aim at Fake News with New Curriculum for High School Students. Retrieved April 11, 2018, from https://www.npr.org/2017/10/31/561041307/italy-takes-aim-at-fake-news-with-new-curriculum-for-high-school-students
37. BBC Media Centre. (2017). BBC Journalists Return to School to Tackle "Fake News". Retrieved April 11, 2018, from http://www.bbc.co.uk/mediacentre/latestnews/2017/fake-news

第九章 全球性担忧

1. DiJulio, B., Norton, M., & Brodie, M. (2016). Americans' Views on the U.S. Role in Global Health. Retrieved April 11, 2018, from https://www.kff.org/global-health-policy/poll-finding/americans-views-on-the-u-s-role-in-global-health/
2. Rosling, H. (2006). Hans Rosling: The Best Stats You've Ever Seen. Retrieved February 6, 2018, from https://www.ted.com/talks/hans_rosling_shows_the_best_stats_you_ve_ever_seen
3. Gapminder (n.d.) Retrieved April 16, 2018, from https://www.gapminder.org/
4. Rosling, A., & Rosling, O. (2018). Lecture at the London School of Economics and Political Science, April 2018.
5. BBC News. (2013). Hans Rosling: Do You Know More About the World Than a Chimpanzee? Retrieved February 6, 2018, from http://www.bbc.co.uk/news/magazine-24836917
6. Vanderslott, S., & Roser, M. (2018). Vaccination. Retrieved April 11, 2018, from https://ourworldindata.org/vaccination
7. CBC News. (2015). Child Vaccines Out of Reach for Developing Countries, Charity Warns. Retrieved February 1, 2018, from http://www.cbc.ca/news/health/child-vaccines-out-of-reach-for-developing-countries-charity-warns-1.2919787
8. Roser, M. (2017). Newspapers Could Have Had the Headline "Number of People in Extreme Poverty Fell by 137,000 Since Yesterday" Every Day in the Last 25 Years. Retrieved April 11, 2018, from https://twitter.com/maxcroser/status/852813032723857409?lang=en
9. Pinker, S. (2018). The Disconnect Between Pessimism and Optimism – on Why We Refuse to See the Bright Side, Even Though We Should. Retrieved February 1, 2018, from http://time.com/5087384/harvard-professor-steven-pinker-on-why-we-refuse-to-see-the-bright-side/
10. Pinker, S. (2011). *The Better Angels of Our Nature: Why Violence Has Declined.* Viking Books.
11. Loewy, K. (2016). I'm Not Saying that David Bowie was Holding the Fabric of the Universe Together, but "Gestures Broadly at Everything". Retrieved April 12, 2018, from https://twitter.com/sweetestcyanide/status/752831763269967872?lang=en
12. Duffy, B. (2017). *Is the World Getting Better or Worse?* Retrieved April 11, 2018, from https://www.ipsos.com/sites/default/files/ct/publication/documents/2017-11/

ipsos-mori-almanac-2017.pdf

13. Psychology and Crime News Blog. (n.d.). If I Look at the Mass I Will Never Act. If I Look at the One, I Will. Retrieved February 1, 2018, from http://crimepsychblog.com/?p=1457

14. Kristof, D. N. (2009). Nicholas Kristof's Advice for Saving the World. Retrieved February 1, 2018, fromhttps://www.outsideonline.com/1909636/nicholas-kristofs-advice-saving-world

15. Ibid.

16. Small, D. A., & Verrochi, N. M. (2009). The Face of Need: Facial Emotion Expression on Charity Advertisements. *Journal of Marketing Research*, 46(6), 777–787. https://doi.org/10.1509/jmkr.46.6.777

17. Small, D. A., & Loewenstein, G. (2003). Helping a Victim or Helping the Victim: Altruism and Identifiability. *Journal of Risk and Uncertainty*, 26(1), 5–16. https://doi.org/10.1023/A:1022299422219

18. Post, S.G. (2005). Altruism, Happiness, and Health: It's Good to Be Good. *International Journal of Behavioural Medicine*, 12(2), 66–77.

19. Wallace-Wells, D. (2017). When Will Climate Change Make the Earth Too Hot For Humans? Retrieved February 1, 2018, from http://nymag.com/daily/intelligencer/2017/07/climate-change-earth-too-hot-for-humans.html

20. Mann, E. M., Hassol, J. S., & Toles, T. (2017). Doomsday Scenarios are as Harmful as Climate Change Denial. Retrieved February 1, 2018, from https://www.washingtonpost.com/opinions/doomsday-scenarios-are-as-harmful-as-climate-change-denial/2017/07/12/880ed002-6714-11e7-a1d7-9a32c91c6f40_story.html?utm_term=.cca57c62761d

21. Roberts, D. (2017). Does Hope Inspire More Action on Climate Change Than Fear? We Don't Know. Retrieved February 6, 2018, from https://www.vox.com/energy-and-environment/2017/12/5/16732772/emotion-climate-change-communication

22. The Climate Group, & Ipsos MORI. (2017). *Survey Results Briefing: Climate Optimism*. London. Retrieved April 11, 2018, from https://www.climateoptimist.org/wp-content/uploads/2017/09/Ipsos-Survey-Briefing-Climate-Optimism.pdf

第十章 谁错得最多？

1. Rivlin-Nadler, M. (2013). More Buck For Your Bang: People Who Have More Sex

Make The Most Money. Retrieved April 12, 2018, from http://gawker.com/more-bang-for-your-buck-people-who-have-more-sex-make-1159315115

2. Ibid.; Lamb, E. (2013). Sex Makes You Rich? Why We Keep Saying "Correlation Is Not Causation" Even Though It's Annoying. Retrieved February 6, 2018, from https://blogs.scientificamerican.com/roots-of-unity/sex-makes-you-rich-why-we-keep-saying-e2809ccorrelation-is-not-causatione2809d-even-though-ite28099s-annoying/

3. Vigen, T., Spurious Correlations. Retrieved February 6, 2018, from http://www.tylervigen.com/spurious-correlations; Vigen, T. (2015). *Spurious Correlations*. Hachette Books.

4. Full list of Perils of Perception studies on page 255.

5. Meyer, E. (2014). *The Culture Map*. PublicAffairs.

6. Schlösser, T., Dunning, D., Johnson, K. L., & Kruger, J. (2013). How Unaware are the Unskilled? Empirical Tests of the "Signal Extraction" Counterexplanation for the Dunning-Kruger Effect in Self-evaluation of Performance. Journal of Economic Psychology, 39, 85–100. https://doi.org/10.1016/j.joep.2013.07.004

第十一章　管理我们的错误认知

1. Bell, C. (2017). Fake News: Five French Election Stories Debunked. Retrieved April 12, 2018, from http://www.bbc.co.uk/news/world-europe-39265777

2. d'Ancona, M. (2017). *Post-Truth: The New War on Truth and How to Fight Back*. Ebury Press.

3. European Commission. (n.d.) Public Opinion – Eurobarometer Interactive. Retrieved April 16, 2018, from http://ec.europa.eu/COMMFrontOffice/publicopinion/index.cfm

4. Mance, H. (2016). Britain Has Had Enough of Experts, Says Gove. Retrieved April 16, 2018, from https://www.ft.com/content/3be49734-29cb-11e6-83e4-abc22d5d108c#

5. LSE Public Lectures and Events. (2012). In Conversation with Daniel Kahneman [mp3]. Retrieved February 6, 2018, from https://richmedia.lse.ac.uk/publiclecturesandevents/20120601_1300_inConversationWithDanielKahneman.mp3

6. Ibid.

7. Tversky, A., & Kahneman, D. (1974). Judgement under Uncertainty: Heuristics

and Biases. *Science*, 185(4157), 1124–1131. https://doi.org/10.1126/science. 185.4157.1124
8. Dobelli, R. (2014). *The Art of Thinking Clearly: Better Thinking, Better Decisions*. HarperCollins.
9. Marshall, A. G. (2015). *Wake Up and Change Your Life: How to Survive a Crisis and be Stronger, Wiser and Happier*. Marshall Method Publishing.
10. Greenspan, S. (2009). *Annals of Gullibility: Why We Get Duped and How to Avoid It*. Praeger.
11. Taber, C. S., & Lodge, M. (2006). Motivated Skepticism in the Evaluation of Political Beliefs. *American Journal of Political Science*, 50(3), 755–769.
12. Davis, E. (2017). *Post-Truth: Why We Have Reached Peak Bullshit and What We Can Do about It*. Little, Brown.
13. Pennebaker, J. W., & Evans, J. F. (2014). *Expressive Writing: Words that Heal*. Idyll Arbor.
14. Saf, M. (2018). India Backs Down Over Plan to Ban Journalists for 'Fake News'. Retrieved May 3, 2019, from https://www.theguardian.com/world/2018/apr/03/india-backs-down-over-plan-to-ban-journalists-for-fake-news
15. Fiorentino, M. (2018). France Passes Controversial "Fake News" Law. Retrieved May 3, 2019, from https://www.euronews.com/2018/11/22/france-passes-controversial-fake-news-law
16. Stolton, S. (2018). EU Code of Practice on Fake News: Tech Giants Sign the Dotted Line. Retrieved May 3,2019, from https://www.euractiv.com/section/digital/news/eu-code-of-practice-on-fake-news-tech-giants-sign-the-dotted-line/
17. Read Across the Aisle (n.d.). A Fitbit For Your Filter Bubble. Retrieved April 16, 2018, from http://www.readacrosstheaisle.com/
18. Wardle, C., & Derakhshan, H. (2017). Information Disorder: Toward an Interdisciplinary Framework for Research and Policy Making. Retrieved April 11, 2018, from https://rm.coe.int/information-disorder-toward-an-interdisciplinary-framework-for-research/168076277c
19. Sippit, A. (2017). Interview Conducted by Bobby Duffy with Amy Sippit at FullFact. London.
20. Shermer, M. (2016). When Facts Backfire. *Scientific American*, 316(1), 69–69. https://doi.org/10.1038/scientificamerican0117-69

21. Ackerman, B., & Fishkin, J. S. (2008). *Deliberation Day. In Debating Deliberative Democracy* (pp. 7–30). https://doi.org/10.1002/9780470690734.ch1
22. Mulgan, G. (2015). Designing Digital Democracy: A Short Guide. Retrieved April 12, 2018, from https://www.nesta.org.uk/blog/designing-digital-democracy-short-guide
23. Lakoff, G. (2010). Why "Rational Reason" Doesn't Work in Contemporary Politics. Retrieved February 6, 2018, from http://www.truth-out.org/buzzflash/commentary/george-lakoff-why-rational-reason-doesnt-work-in-contemporary-politics/8893-george-lakoff-why-rational-reason-doesnt-work-in-contemporary-politics

© 民主与建设出版社，2025

图书在版编目（CIP）数据

认知差 /（英）鲍比·达菲（Bobby Duffy）著；巴库斯译. -- 北京：民主与建设出版社，2025.6.
ISBN 978-7-5139-4855-5

Ⅰ. B842.1-49
中国国家版本馆CIP数据核字第20259G8B28号

THE PERILS OF PERCEPTION: WHY WE'RE WRONG ABOUT NEARLY EVERYTHING (AND HOW WE CAN OVERCOME) by BOBBY DUFFY
Copyright:© 2018 BY BOBBY DUFFY
This edition arranged with Atlantic Books Ltd
through BIG APPLE AGENCY, LABUAN, MALAYSIA.
Simplified Chinese edition copyright:
© 2025 Ginkgo (Beijing) Book Co., Ltd
All rights reserved.

本书中文简体版权归属于银杏树下（北京）图书有限责任公司
版权登记号：01-2025-0841

认知差
RENZHI CHA

著　　者	［英］鲍比·达菲
译　　者	巴库斯
责任编辑	王　颂
封面设计	墨白空间·黄海
出版发行	民主与建设出版社有限责任公司
电　　话	（010）59417749　59419778
社　　址	北京市朝阳区宏泰东街远洋万和南区伍号公馆4层
邮　　编	100102
印　　刷	嘉业印刷（天津）有限公司
版　　次	2025年6月第1版
印　　次	2025年6月第1次印刷
开　　本	889毫米×1194毫米　1/32
印　　张	9.5
字　　数	183千字
书　　号	ISBN 978-7-5139-4855-5
定　　价	62.00元

注：如有印、装质量问题，请与出版社联系。